我的动物朋友

吊丁丁◎编著

动物的神奇 本领

★ ★ ★ ★ ★

体验自然，探索世界，关爱生命——我们要与那些
野生的动物交流，用我们的语言、行动、爱心去关怀理
解并尊重它们。

延边大学出版社

图书在版编目（CIP）数据

动物的神奇本领 / 常丁丁编著 . —延吉：延边大
学出版社，2013 . 4（2021 . 8 重印）
　　（我的动物朋友）
　　ISBN 978-7-5634-5558-4

　　Ⅰ . ①动…　　Ⅱ . ①常…　　Ⅲ . ①动物—青年读物 ②动物
—少年读物　Ⅳ . ① Q95-49

中国版本图书馆 CIP 数据核字 (2013) 第 087255 号

动物的神奇本领

编著：常丁丁

责任编辑：李宗勋

封面设计：映像视觉

出版发行 延边大学出版社

社址：吉林省延吉市公园路 977 号　邮编：133002

电话：0433-2732435 传真：0433-2732434

网址：http://www.ydcbs.com

印刷：三河市祥达印刷包装有限公司

开本：16K　165×230

印张：12 印张

字数：120 千字

版次：2013 年 4 月第 1 版

印次：2021 年 8 月第 3 次印刷

书号：ISBN 978-7-5634-5558-4

定价：36.00 元

前　言

　　人类生活的蓝色家园是生机盎然、充满活力的。在地球上，除了最高级的灵长类——人类以外，还有许许多多的动物伙伴。它们当中有的庞大、有的弱小，有的凶猛、有的友善，有的奔跑如飞、有的缓慢蠕动，有的展翅翱翔、有的自由游弋……它们的足迹遍布地球上所有的大陆和海洋。和人类一样，它们面对着适者生存的残酷，也享受着七彩生活的美好，它们都在以自己独特的方式演绎着生命的传奇。

　　在动物界，人们经常用"朝生暮死"的蜉蝣来比喻生命的短暂与易逝。因此，野生动物从不"迷惘"，也不会"抱怨"，只会按照自然的安排去走完自己的生命历程，它们的终极目标只有一个——使自己的基因更好地传承下去。在这一目标的推动下，动物们充分利用了自己的"天赋异禀"，并逐步进化成了异彩纷呈的生命特质。由此，我们才能看到那令人叹为观止的各种"武器"、本领、习性、繁殖策略等。

　　例如，为了保住性命，很多种蜥蜴不惜"丢车保帅"，进化出了断尾逃生的绝技；杜鹃既不孵卵也不育雏，而采用"偷梁换柱"之计，将卵产在画眉、莺等的巢中，让这些无辜的鸟儿白费心血养育异类；有一种鱼叫七鳃鳗，长大后便用尖利的牙齿和强有力的吸盘吸附在其他大鱼身上，靠摄取寄主的血液完成从变形到产卵的全过程；非洲和中南美洲的行军蚁能结成多达1000万只的庞大群体，靠集体的力量横扫一切……由此说来，所谓的狼的"阴险"、毒蛇的恐怖、鲨鱼的"凶残"，乃至老鼠令人头疼的高繁殖率、蚊子令人讨厌的吸血性等，都只是自然赋予它们的一种独特适应性而已，都是它们的生存之道。人是智慧而强有力的动物，但也只是自然界的一份子，我们应该用平等的眼光去看待自然界中的一切生灵，而不应时刻把自己当成所谓的万物的主宰。

人和动物天生就是好朋友，人类对其他生命形式的亲近感是一种与生俱来的天性，只不过许多人的这种亲近感被现实生活逐渐磨蚀或掩盖掉了。但也有越来越多的人，在现实生活的压力和纷扰下，渐渐觉得从动物身上更能寻求到心灵的慰藉乃至生命的意义。狗的忠诚、猫的温顺会令他们快乐并身心放松；而野生动物身上所散发出的野性特质及不可思议的本能，则令他们着迷甚至肃然起敬。

衷心希望本书的出版能让越来越多的人更了解动物，更尊重生命，继而去充分体味人与自然和谐相处的奇妙感受。并唤起读者保护动物的意识，积极地与危害野生动物的行为作斗争，保护人类和野生动物赖以生存的地球，为野生动物保留一个自由自在的家园。

编　者

2012.9

动物的神奇本领

目 录

第一章 动物的觅食技巧

第二章 动物的避敌手段

第五章 动物的生活轶事

第一章

动物的觅食技巧

　　民以食为天，动物也是如此，动物界每天都在上演着觅食、取食、乞食、贮食、捕食、反捕食的悲喜剧。它们当中有些动物靠积极的狩猎来获取食物，有些动物则采取等待和伏击的方法，有些动物则以乞食维持生活。总之，动物的觅食行为是通过独特的方式来获取生存所需食物的行为。

啄木鸟的捉虫绝技

　　啄木鸟是人类的朋友，更是树木的好朋友，人们都称啄木鸟为"森林医生"。啄木鸟可以说是最称职的"医生"，它每天忙忙碌碌，东敲敲，西敲敲，让那些害虫无处藏身。

　　啄木鸟主要以一些害虫为食物。它能把藏在树干中的害虫掏出来吃掉，这些害虫有时能把树木活活地咬死。啄木鸟的长嘴就像医生的听诊器一样，它用这个又硬又尖的长嘴敲击树干时，发出各种声音。这些声音能准确地反映出害虫躲藏的位置。知道了害虫在哪儿以后，啄木鸟就用嘴先啄开树皮。

它的利嘴像凿子一样在树上凿个洞，然后插进害虫的巢内。啄木鸟的舌头又长又细，有14厘米长，舌根上有两根能伸缩的筋，舌尖上还长着许多肉倒刺，而且它的舌尖能分泌黏液。因此，啄木鸟总是可以准确无误地钩出隐藏得很深的害虫，甚至是幼虫和虫卵。

　　一般的鸟儿都是站在树枝上，而啄木鸟却是紧抓在树干上。原来，啄木鸟的四趾是对称分布的，有两个向前，两个向后，趾尖上的钩爪非常锐利，使它能牢牢地抓住树干。它的尾巴是支撑身子的支柱，羽轴硬而且有弹性。这样，啄木鸟不仅能抓住树干，还能够沿着树干快速移动。

动物小·知识

　　啄木鸟的舌头细长而富弹性，其舌根是一条弹性结缔组织，它从下腭穿出，向上绕过后脑壳，在脑顶前部进入右鼻孔固定，只留下左鼻孔呼吸，这种"弹簧刀式装置"可使舌头能伸出喙外达12厘米长，加上舌尖生有短钩，舌面具黏液，所以舌头能探入洞内钩捕30余种树干害虫。

　　现在，全世界发现的啄木鸟大约有180种，有红头啄木鸟、橡树啄木鸟、大斑啄木鸟、黑啄木鸟、黑背二趾啄木鸟、绯红背啄木鸟等。除澳大利亚和新几内亚这两地，啄木鸟的足迹几乎遍布全世界，其中南美洲和东南亚的数量最多。一只啄木鸟每天大约能除掉1000多只害虫。据估计，在上千亩的树林里，只要有4只啄木鸟，就差不多能够控制害虫的蔓延。

　　美国科学家菲力普·梅依利用特制的电影摄影机惊奇地发现，啄木鸟找虫吃的时候，速度极快，几乎是音速的1.4倍。其头部摇动的速度也是非常快的，可能都高于子弹出膛的速度。那么这样看来，啄木鸟在啄木时，头部受到的冲击力是非常大的，几乎是其重力的1000倍。如此快的速度，树干当然会很容易被凿穿。但有人提出这样一个问题：在这样强烈而长久的震动下，啄木鸟为什么不会得脑震荡呢？

后来有科学家对啄木鸟的头部进行解剖，他们发现啄木鸟的头部有一套防震装置，能够保护啄木鸟。啄木鸟的头颅虽然很坚硬，但骨质却很疏松，而且里面充满气体，像海绵一样。在它的颅壳内外脑膜与脑髓间有一狭窄的空隙，这个空隙能够使震波的传导变弱。从头部的横切面上可以看出它的脑组织是很细密的，而且啄木鸟头部两侧还有防震的肌肉系统。啄木鸟啄树的时候，头部保持直线运动。这样，就不难理解为什么啄木鸟啄树时不得脑震荡了。后来科学家从中获得启示，制成了防震头盔。

军舰鸟的豪取抢夺

在所有的鸟类中，军舰鸟是一种性情非常凶猛的鸟，它飞行速度比其他海鸟快，但是它并没有害人之心，只是在其他鸟面前有些霸道罢了。别的海鸟经常会受到它的欺负，即使近亲如鹈鹕、鸬鹚、鲣鸟它也不放过。

鲣鸟是军舰鸟最喜欢欺负的对象。每当鲣鸟捕鱼归来，军舰鸟就会用大嘴叼住鲣鸟的尾巴，鲣鸟疼痛难忍只好把嘴里的鱼吐出来，军舰鸟马上松开嘴，叼起鲣鸟吐出的鱼，然后得意洋洋地飞走了，鲣鸟也乘机逃脱。

鲣鸟有自己的捕鱼区域，但是它们的捕鱼区域也往往是军舰鸟的领地。几乎每只军舰鸟都有一块单独的领地，它不允许别的军舰鸟前来侵入，以保

证自己可以独自享受鲣鸟捕回的小鱼。军舰鸟为什么要采取这种强横的海盗式的取食方式呢？

原来，军舰鸟虽然有善于飞翔的翅膀，但是它的躯体很小，腿又细又短。细弱的腿很难使它直接从水面上起飞，因此，它不会像鸬鹚一样潜入水中捕鱼。如果军舰鸟单靠自己的力量捕食，它只能吃一些浮游在水面上的水母、软体动物甲壳类、小鱼，水下的大鱼它们则很难吃到。因此，它们经常掠食其他海鸟的食物，渐渐地，军舰鸟就变成了海上的"强盗"。

动物小·知识

军舰鸟喜欢群居。栖息时，大群的军舰鸟挤在一起，显得十分拥挤。而且其他海鸟，如鲣鸟、海鸥等也常聚集在军舰鸟周围栖息。这些白天受到军舰鸟欺负、掠夺的海鸟，到了夜晚却和军舰鸟同宿，自然界的事情有时简直不可思议。

在繁殖季节到来时，雄鸟会找一个自己喜欢的位置，卧在那里，发出"哒、哒……"的奇怪的声音。它们大口大口地吸气，颌下的喉囊慢慢鼓涨起来。军舰鸟的脖子上就像挂了一个鲜红的大气球。雌鸟被吸引来之后，雄雌军舰鸟就开始共筑爱巢。但是由于军舰鸟喜欢群居，因此它们用来搭巢的树枝常常不够用，经常会出现邻近的两对军舰鸟为了一根树枝发生争执的现象。巢筑好以后，雌鸟就开始在窝中产卵，然后雄雌军舰鸟共同伏窝。然而此时，军舰鸟依然恶习不改，它们还会寻找各种机会从别的鸟巢中偷来树枝以补建自己的巢。

刚出生的小军舰鸟孵全身光秃秃的，连眼睛也睁不开。此时，军舰鸟父母就会全心全意地担负起做父母的责任，精心地照顾着自己的孩子。如果有人敢向小军舰鸟伸出手去，它们就会张开大嘴咬住人的手腕，以此显示它们保护幼雏的坚定决心。除非特殊情况，军舰鸟一般是不会弃巢逃走的。

书记鸟的高超捕蛇术

在南部非洲辽阔的草原上，栖息着许多书记鸟。书记鸟的长相非常奇特：在它短小的头上有一双大眼睛，它的钩嘴非常锐利；书记鸟体高达1米多，两翼展开有2米长；它的尾部，拖着两条长长的尾羽。

书记鸟的名字有一段来历。在中世纪西方，书记官的耳朵后面常夹着鹅毛笔，而在书记鸟的头后部，横耸着一排长长的漂亮冠羽，这与书记官的形象非常相像，因此人们就把这种鸟称为"书记鸟"。

由于书记鸟的长腿灵巧有力，很像鹭和鹤，因此有人把书记鸟归属鹤类；又由于书记鸟还长有锐利的钩嘴和尖爪，这与鹰和隼非常相似，因此也有人把书记鸟归属鹰隼类。人们为了避免争论，就把它叫做鹭鹰，归入隼形目，使它单独成为一个书记鸟科。

动物·小·知识

书记鸟的腿是所有猛禽中最长的，在进食或饮水的时候，它必须弯曲双腿蹲在地上才行。这长长的双腿看上去纤细伶仃，却威力巨大，用力一踢可以对猎物产生极大的杀伤力。不过，蛇鹫脚爪的握力不强，无法像短趾雕那样施展"无影掌"来对付敌人。

书记鸟不善于飞翔，它以捕食蛇和蜥蜴为生。当它捕蛇时，它会追随着蛇的踪迹悄悄潜行。慢慢靠近蛇后，它的冠羽就会像扇子一样突然展开，接着，它围着蛇迅速跳跃转动，寻找各种进攻的机会。当蛇发现了书记鸟之后，就开始防御。书记鸟东跳西躲，总能绕到蛇的背后，使蛇找不到攻击的目标。当蛇俯身逃窜时，书记鸟就猛窜过去。它张开一只翅膀，护住自己的长脚，而它的另一只翅膀，则用尽全力猛烈扇动拍打，直至拍得蛇不再动弹。然后，它用有力的利爪对蛇头一顿猛踩，用钩嘴猛啄蛇身，随后把蛇高高抛向空中，摔昏之后再把蛇撕碎，吞进肚子里美餐一顿。

此外，一些小型哺乳动物、小鸟和鸟蛋，以及蝗虫等大昆虫，也是书记鸟的捕食对象。

苍鹭的伪装捕食

苍鹭常年生活在江河、溪流、湖泊、水塘、海岸等地方，有时也栖息在沼泽、稻田、山地、森林及平原荒漠上的水边浅水处。苍鹭喜欢成对和成小群活动，迁徙时和冬季会集成大群，有时会与白鹭混群。苍鹭常单独在水边浅水处涉水，有时也长时间地站立在水边，一动也不动，它的颈常曲缩在两肩之间。苍鹭站立时，常以一只脚着地，另一只脚缩在腹下，站立时间可达数小时。飞行时，苍鹭的两翼鼓动非常缓慢，颈缩成"Z"字形，两脚向后伸直，远远地拖在尾后。晚上，苍鹭大多成群栖息在高大的树上。苍鹭的叫声又粗又高，就像"刮、刮"声。

动物·小知识

苍鹭性格孤僻，是一种稳定性极佳的鸟类。它们不论觅食、休息始终都保持不慌不忙。严冬时节在沼泽边常可以看到独立寒风中的苍鹭。

小型鱼类、泥鳅、虾、蝲蛄、蜻蜓幼虫、蜥蜴、蛙和昆虫等动物是苍鹭的主要食物。苍鹭常在水边浅水处或沼泽地上觅食，有时也到浅水湖泊、水塘中或水域附近陆地上寻找食物。清晨和傍晚，是苍鹭觅食最活跃的时候。

苍鹭觅食的方法非常独特。当苍鹭的肚子饿得发慌时，它们便会瞪直眼睛，注视着池塘中游来游去的小鱼。当它们发现小鱼时，就会飞到附近的树林中，衔来一根嫩枝，并将其折成几段，再丢入池中，还不时地用嘴移动小

树枝。水中的鱼儿误以为是小虫，就会浮上水面来抢食，苍鹭便可乘机捕食，美美地饱餐一顿。

苍鹭的繁殖期在4~6月。繁殖开始前雌雄亲鸟多成对或成小群活动在环境开阔且有芦苇、水草或附近有树木的浅水水域和沼泽地上。营巢在水域附近的树上或芦苇与水草丛中。多成小群集中营群巢，有时一棵树上有巢数对至十多对。营巢由雌雄亲鸟共同进行，雄鸟负责运输巢材，雌鸟负责营巢。

灰喜鹊守卫松树林

　　松毛虫是松树林最危险的敌人。松毛虫吃起松针来就像吃山珍海味似的，一会儿就能把大片树林吃得光秃秃的。没有松针的松林很快便会死去。

　　松毛虫浑身长满了长长的毒毛，许多捕虫的鸟儿都惩治不了它。有没有一种鸟儿能对付这种可恶的松毛虫呢？有，它就是灰喜鹊。灰喜鹊是专吃松毛虫的一种益鸟。

　　别看松毛虫全副武装，一些吃虫的鸟儿拿它没有办法，但灰喜鹊一点都不怕它。发现松毛虫后，灰喜鹊马上冲过去，一口就能将它叼住，然后把它放在松枝上来回地搓，只几下就将它搓成了泥，灰喜鹊吃它就像吃面条一样。一只灰喜鹊1天能吃上百条松毛虫，1年可消灭1.5万条松毛虫，使1~2亩松林不受虫害，它真不愧为森林卫士。灰喜鹊不仅能消灭大量的松毛虫，而且很听话，经过训练它们能听从人的指挥。训鸟员哨子一吹，成群的灰喜鹊就会跟着他飞行。哪个地方发现了松毛虫，训鸟员一声令下，灰喜鹊就会立即冲上去，把松毛虫吃得干干净净。因此，灰喜鹊成了松树林的忠诚卫士。

动物小知识

　　灰喜鹊是一种非常聪明的鸟类，在进入人的住房内盗食时，通常是两到三只在外警戒，其他的登堂入室，如果没有"危险"，则会轮流"享受"。灰喜鹊和喜鹊一样，千百年来被人们视为吉祥之鸟。

　　低山丘陵、山脚平原地区的次生林和人工林，都是灰喜鹊的栖息地。有时，在田边、地头、路边和村屯附近的小块林内，也会发现灰喜鹊的踪影。人们甚至可以在城市公园中的树上看到灰喜鹊跳跃的身姿。在长白山地区，到了夏季，灰喜鹊有时会沿公路或河流到海拔高达1700米的原始针叶林带。

　　在中国，灰喜鹊是最著名的益鸟之一。灰喜鹊属平原和低山鸟类，在道旁、山麓、住宅旁、公园和风景区的稀疏树林中，人们经常可以看到十余只或数十只一群的灰喜鹊，在树林间穿梭，不喜久留，就像进行游击式活动，一会儿成群地飞到这里，一会儿又突然飞向别处。灰喜鹊不怕人，但是受到惊吓时会一哄而散。

　　与灰喜鹊一样能捕捉松毛虫和其他森林害虫的还有燕子。每当喂养雏燕时，燕子每天飞出飞回500~600次，捕捉虫子在600条以上。每年4~9月的180天中，一只燕子就能消灭10万条以上的害虫。

猫头鹰的非凡视力

　　猫头鹰经常在夜间出来活动，它是一种夜鸟。它全身的羽毛大多为褐色并夹杂有许多小斑点，羽毛柔软，飞起来轻盈得就像一阵微风。它还长着钩状的嘴和爪，嘴和爪都十分锐利。猫头鹰的两只眼睛也与其他鸟的不同，它不是长在头部两侧，而是长在正前方。猫头鹰的眼睛周围的羽毛呈放射状，在眼睛的视网膜里，有许多呈圆柱形的感光细胞，非常灵敏。由于白天光线非常强烈，猫头鹰什么也看不清，所以它只好在夜里出来活动。

　　猫头鹰集中的视野有助于它清楚地确定景物的前后距离，在黑夜里能够

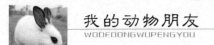
成功捕捉目标。猫头鹰耳朵的耳孔极大，耳壳很发达，连地面上一些小动物活动时发出的极其细微的声音，它都能听得到。

猫头鹰主要以老鼠和田鼠为食，有时也吃兔子、松鼠和臭鼬等动物。一只猫头鹰在一个夏季里能吃掉上千只田鼠，保护了很多粮食，所以对人类来说，猫头鹰是一种益鸟。

几千年来，人们都把猫头鹰当做有特殊意义的动物。原始人对猫头鹰有很多迷信，那主要是因为它们发出的叫声非常特别。在欧洲的许多地方，当人们听到猫头鹰的叫声时，会认为那是死亡的征兆。在古希腊，猫头鹰又被当成了智慧的象征。

猫头鹰是一种在夜间才真正活起来的动物，而且它全身的各个部位都特别适合这种生活。首先让我们来看看猫头鹰的叫声。当猫头鹰在夜里发出那种奇特叫声的时候，它附近的动物都会被这种叫声吓得胆战心惊。如果猫头鹰的附近有动物走动或发出响声，猫头鹰那敏锐的耳朵就会立刻听到。

动物·小·知识

在非洲有种猫头鹰，眼睛可以发出像手电般的光，而且亮度可以调节，当地土著就利用猫头鹰来捕猎。更为神奇的是，猫头鹰眼睛里发出的光照在动物眼睛上，动物竟毫无察觉。据非洲当地人说，猫头鹰的眼睛射出的光可以让猎物呆立不动。目前并未知道其他地方猫头鹰是否如此。

猫头鹰看起来很有智慧，这是因为它的眼睛眨动得非常缓慢，这使得它脸上比别的鸟富有更多的表情，而这种表情毫无疑问地使人们认为它拥有更多的智慧。然而事实并非如此，猫头鹰的大脑里并没有储存更多的东西。尽管猫头鹰的头骨（去掉羽毛）有一个高尔夫球那么大，但是它们的眼球基本上和人类的一样大。因此，它的头部就没有太多的空间留给大脑。

猫头鹰的生理特点决定了它对夜间生活的适应。它的巨大的瞳孔可以捕获大量的光线，由于它的眼球不是一个球体，形状更像咖啡馆里的摇盐的小瓶，因而，这可以最大限度地给视网膜留出足够的空间。视网膜上对光敏感的视杆细胞要多于比对光准确聚焦的视锥细胞，所以，即使没有光线，猫头鹰也能够看得见周围的东西。

猫头鹰的眼睛虽然很大，但是因为眼睛是长在头部的前面，因而不能移动。如果想改变视野，猫头鹰就必须转动头部。如果想要对一个物体的位置进行准确判断，猫头鹰就需要快速地来回转动头部，从各个不同的角度对物体进行辨别。

另外，猫头鹰还进化出了一种在飞行中不发声的独特体系，这和它具有的非凡的视觉和听觉是一样的。在它的身体上和腿部长许多绒羽，在其飞羽的边缘还有锯齿状的缘缨，这使得通过它身体的气流逐渐减弱。因此，猫头鹰的身体看起来比实际上要大许多。

很长时间以来，许多鸟类学者被猫头鹰的这种无声飞行所吸引，因为没有其他任何一种鸟具有如此隐秘的行为。猫头鹰的羽毛异常柔软，在它的翅膀羽毛上，密生着天鹅绒般的羽绒，因而猫头鹰飞行时产生的声波频率要小于1000赫，而一般哺乳动物的耳朵很难感觉到如此低的频率。猫头鹰这种无声地出击在捕食时具有"闪电战"的效果。

猫头鹰之所以能成为世界上最安静的飞鸟，这完全依赖于它独特的羽毛结构。它的夜行对于猎物来说是无声的。现在航空飞机工程师正在致力于对猫头鹰羽毛的独特结构的研究，希望能从中得到启发，制造出声音微小的航行器。

会"悬飞"的隼

隼是飞得最快的一种鸟,它就是利用自己的飞行速度来捕食的。很多鸟、鸦都是丧命在它们的速度之下。隼在展开猎捕行动时,会采用俯冲的方式,它们将身体收合起来,形成一个子弹的形状,飞快地把猎物撞落在地面上,然后再抓起被撞昏死过去的猎物,美美地饱餐一顿。

隼的头很小,翅膀末端呈尖形,这种体型非常适于捕获猎物。它们拥有强壮的腿、锐利的趾爪、极好的视力与速度,一旦发现猎物,就猛扑过去,将它们踢死。隼的嘴巴又粗又坚硬,前端还是钩形的,很适合撕裂、折断猎物的肉和骨头。

隼的家族成员捕猎时又快又准又狠,很多同类都怕它们。可是隼却害怕人类,因为人类大量使用各种农药,使它们的食物受到污染,导致它们的身体越来越差。这些因素直接影响了隼的繁育生殖,有时候,隼宝宝刚生下来就死了。导致隼家族的成员已经越来越少了。

有一种形体小巧的灰背隼,被称为"女士之隼"。在一些国家,有的女士还经常带着自己养的灰背隼去教堂呢。灰背隼以不规则的路线飞行,发现猎物就以最快的速度出击。红隼的飞行特别有技巧,它经常逗留在空中的一个定点上飞翔,这种飞行方式称作"悬飞",虽然这样比较辛苦,但能使它监视到草丛里正在移动的猎物。红隼发现目标后,会先慢慢下降,然后猛扑过去把猎物抓住。燕隼的视觉非常敏锐,它能在光线很微弱的地方捕食蝙蝠、蜻蜓这样的昆虫,捕到猎物后它还能在飞行中将它们吃掉。

动物·小·知识

隼主要在空中飞行捕食，常追捕鸽子，所以俗称为"鸽子鹰"，有时也在地面上捕食。

游隼也是隼家族的成员，它捕食时会快速飞过鸟类的头顶，再快速俯冲下去，用脚狠狠撞击猎物，然后反转身体抓住掉落的猎物，并将它带走。如果游隼抓到一只野鸡当晚餐的话，它只会吃肥嫩的鸡胸肉，而把剩下的鸡肉留给别的动物，并且它在吃之前，会先拔掉野鸡的羽毛。

游隼的时速可以达到360千米，超过某些飞机的速度。它们广泛地分布于全世界，在岩石、树林里，经常可以看见它们在空中疾飞，以掠捕野鸭等鸟类为食。

游隼一旦发现猎物，会突然加速，贴近猎物时迅速地伸出强健的脚掌，狠击猎物的头部、背部，当猎物被击昏或击毙从高空翻滚坠落时，游隼会快速轻盈地跟着猎物下降，在半空中把猎物抓走。它们的力量极大，有时会打破乌鸦的头或是在苍鹭背上打出一个鸡蛋大的洞。

游隼的个头和乌鸦差不多，背部多呈蓝灰色，腹部是白色或黄色，上面有黑色的条纹。它们喜欢在靠近水边的悬崖峭壁上筑窝。一窝产2~4个红褐色的蛋，小鸟在孵化5~6个星期后出壳。游隼孵蛋是轮流进行的，因为在孵蛋的过程中温度必须保持恒定，一旦出现停止的情况，鸟蛋可能就永远也孵不出小鸟了。所以夫妻俩总是轮流捕食，轮流坐窝，它们还经常把蛋翻过来，使每个部位都能够达到所需的温度。蛋中的小游隼孵化以后，会用长在喙尖的特别的"牙齿"啄破蛋壳。出生几天以后，它们的这个牙齿就会消失。

鹈鹕高效率捕鱼

许多生活在水中的鸟都以捕鱼为食，鹈鹕就是其中具有代表性的一种。鹈鹕也叫塘鹅，最大的体长有2米。鹈鹕捕鱼的方法非常有趣，它的嘴下有一个皮质的捕鱼"网"，也就是喉囊，全靠它，鹈鹕才能每天都大获丰收。

鹈鹕大多成群地生活在海洋、河川和湖泊等处。虽说是水鸟，可它们每天在水中活动的时间并不长，而是大部分时间都待在岸边晒太阳，或者钻进树阴下睡大觉。有时，它们也会飞到空中去散心，一副悠闲自得的样子。

鹈鹕的眼睛非常锐利，即使是在15米的空中飞行，它也能看到水中游动的鱼。一旦有大的鱼群经过，它们就好像接到命令一样，个个伸长脖子和尖嘴，整装待发，俯冲下去。更为有趣的是，当鹈鹕发现鱼群时，马上会几十

只排成整齐的一队，张开大嘴向前游动，使包围圈愈缩愈小，最后将鱼群赶到浅水处"歼灭"，宛如准备充分的"舰队"。

这种捕鱼方式效率之高，使其他鸟类望尘莫及。每次它们都会有极大的收获，很少会落空。捕鱼时，鹈鹕张开大嘴，兜水前进，鱼和水就会一同进入它渔网般的喉囊。然后，它会立即闭嘴，收缩皮囊，挤出多余的水，并将鱼儿吞食，要是吃不完，它就暂时储存在喉囊里。鹈鹕在岸边岩石上晒太阳时，就会把喉囊缩起来，大嘴藏进背羽，闭目养神。

动物·小·知识

鹈鹕的求爱和育雏方式特别有趣。雄鹈鹕向雌鹈鹕求爱时，时而在空中跳着"8"字舞，时而蹲伏在占有的领地上，嘴巴上下相互撞击，发出急促的响声，脑袋以奇特的方式不停地摇晃，希望在众多的"候选人"中得到雌性对自己的垂青。鹈鹕常集大群繁殖。

鹈鹕在陆地上行走很不方便，因为它的腿很短。可是它却能在水中自由游动，但是不能潜水。游水时，鹈鹕的双翅紧闭，放在背上，用带蹼的脚缓慢划水，身体在水中缓慢前进。可是，如果鹈鹕想飞起来，却要花多一点儿力气。在陆地上，鹈鹕要经过助跑才能起飞；在水中，鹈鹕需要踏浪前进，在达到一定的速度时才能起飞。一旦起飞，鹈鹕就可以自由地飞翔。

有时候，鹈鹕捕鱼时，会飞来一群也是捕鱼能手的鸬鹚。如此一来，鹈鹕在水面上追，鸬鹚在水下面赶，迫使鱼儿向一个地方集中。最后，它们会一起分享捕获的鱼儿，真是分工协作，互惠互利。

鹈鹕的家庭生活向来不被外人所知。经研究发现，鹈鹕夫妇情深意厚，居然比鸳鸯还要恩爱。每到繁殖季节，鹈鹕便选择人迹罕至的树林，在那里用树枝和杂草筑成巢穴。通常情况下，鹈鹕每窝产3枚卵，卵为白色，大小如同鹅蛋。

清晨，雄鹈鹕替"妻子"在巢中孵卵，雌鹈鹕出去捕鱼，而且还会时不

时地回家瞧瞧自己的"丈夫"。等到中午时分，雌鹈鹕捕鱼归来，它会在"丈夫"身边用长嘴巴轻柔地啄它的羽毛，表达自己对它的关怀和喜爱。而雄鹈鹕则纹丝不动，继续孵卵，它不舍得让"妻子"受累。

等孩子孵化出来后，鹈鹕夫妇会将自己半消化的食物吐在巢穴里，供小鹈鹕食用。小鹈鹕长大一点后，它们就将自己的大嘴张开，让小鹈鹕将脑袋伸进它们的喉囊中取食食物。

狮子潜行狩猎

　　人们一向把狮子奉为"百兽之王"，认为狮子是力量和尊严的象征。狮子身材高大，毛色金黄，昂首挺立，十分威武。然而，与其他动物相比，狮子也有一些弱点。比如，它奔跑的速度不快，每小时只能跑50~60千米，而且维持不了多长时间。许多有蹄类动物都比狮子跑得快、跑得远。很明显，在狩猎时，狮子靠速度和耐力是难以取胜的。

　　在自然界长期的生存斗争中，狮子练出了一种高度机动、行之有效的狩猎术。这就是，出其不意，乘其不备，克敌制胜。

　　在庞大的狮子家族中，母狮主要担任捕猎任务。蹑足而行的母狮，无论

是步法、身姿，还是那屈伸自如的技巧，抑或是那纵身一跃突然的爆发力，都显示了狮子无上的王者风范。

狮子善于利用荒野的灌木丛、蚁山、猴面包树等来隐蔽自己。有时，它会突然从这些隐蔽物后面探出身子，这很难使人们猜测出它的藏身之所，人们也很难想象，它究竟在那里隐藏了多久。

当狮子追捕猎物时，它会进行跟踪盯梢。此时，它尽量压低身子，在草丛中小心翼翼地潜行。此时，它金黄色毛皮下的肌肉就会收缩。它的身上就会出现一层层皱褶。

狮子一边蹑足前进，一边密切注视着猎物的动静。如果被追踪的猎物突然停止吃草，抬头扫视四周，母狮就会马上意识到对方有所发现，于是母狮就会蜷缩成一团，屏气凝神，同时伸出一只前爪，做好应变的准备。等到猎物重新开始吃草或转身走开，母狮就继续跟踪。如果母狮胸有成竹，认为对方没有发觉自己，它就还会小跑几步，以便缩短与猎物之间的距离。

如果猎物被惊动，母狮就会将计就计，摆出迷魂阵，然后落落大方地坐在地上，显得若无其事，好像它根本就没发现猎物一样。如果一切进展顺利，母狮就继续跟踪。当它悄悄地接近猎物时，它就会突然跃起，发动猛烈袭击。

动物小知识

狮群中雄狮不参与捕猎，当然，基本只负责"吃"。不过尽管不事生产，雄狮仍然受到母狮的尊重，母狮捕猎回来的战利品通常先由雄狮享用，等它们用膳完毕才是地位最高的母狮，最后才是孩子们。

经动物学家研究发现，在狮子的食物中，豪猪等中小型哺乳动物及未成年的大动物占了一半。其实，狮子最爱吃的是野牛，尤其是重1000千克左右的雄野牛。当然，要捕捉这样的庞然大物，一头母狮往往力不从心，它们只能集体行猎，群起围攻。

狮子很容易把捕获到的猎物置于死地。狮子力量强大，它长有锋利的牙齿和爪子。狮子粗大锐利的犬齿，是它谋生的主要武器，也是它进食的"餐刀"。狮子一旦捕捉到猎物，这些猎物就再也难以逃脱。四枚犬齿上下交错，紧紧咬住猎物，在利爪的有力配合下，狮子很快就能把猎物杀死。它的臼齿也很发达，齿面上下咬合，就像剪刀，即使厚硬的牛皮也能被它咬穿，还可以用于割裂最坚韧的兽肉。狮子还长有十分厉害的舌头，上面长着角质倒刺，坚硬锐利，猎物骨头上的肉，能够被这些倒刺刮刷得干干净净。

狮子在与其他动物格斗时，会用一只强有力的前爪猛击对方，把猎物打翻在地；有时，狮子还会用两只前爪抓住猎物，用力拖或拉，把猎物摔倒在地。对于个头较小的动物，如旋角羚羊等，在把它们打倒在地后，狮子就会咬住它们的后颈，使之一命呜呼。对于那些中等个头的动物或大动物，狮子在把它们击倒后，就会用前爪扼住它们的喉部，咬断它们的气管，使之命归黄泉；或抓住对方的口鼻，紧紧捂住，使其窒息。

已经死亡的猎物就会被狮子当做战利品抬到树阴下或僻静处。稍微休息之后，狮子就会按一定的顺序进餐：从下腹部把猎物剖开，先吃内脏，再吃后腿，然后吃前腿。如果此时狮子已饥饿难忍，它就顾不上了。通常情况下，狮子会按规矩进餐：它会先把猎物胃里的东西掏出来，然后用草掩埋起来。狮子为什么要这样做呢？这至今还是个谜。

狮子有很大的胃口，它可以一顿吃掉相当于自己体重1/4的肉食，它的肚子被食物撑得胀鼓鼓的，只好躺在地上喘粗气。

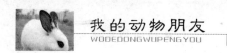
金牌搭档斑点鬣狗

斑点鬣狗是最讲究合作的动物。它们的捕猎方式很科学：先是散开，然后再渐渐从四面八方靠近并包围猎物，使它不能逃脱。一旦有一只鬣狗咬住猎物，其他的则一哄而上，再大的猎物恐怕也难逃厄运。

在非洲大草原上，斑点鬣狗是个强有力的竞争者。单枪匹马的斑点鬣狗有时可以轻而易举地抢走猎豹的食物，它们集体捕猎时，可以将很多大型动物送上自己的餐桌。

对于大多数动物来说，雄性通过各种手段来吸引雌性，或者通过与竞争者斗争的方式来赢得雌性。但是这些手段对于雌斑点鬣狗来说毫无用处，它们只对温顺的雄鬣狗有好感，那些爱出风头的或者横行霸道的雄鬣狗往往是不受欢迎的。

斑点鬣狗和很多群居的哺乳动物不同，在任何一个数量达到30只的狗群中，所有的成年雄狗之间都有血缘关系，而所有的成年雌狗则来自另一群体。成年鬣狗得到食物后，通常会让幼狗先吃，这一点也不同于其他动物。

动物·小·知识

　　斑点鬣狗会通过排泄油性及黄色的物质来区分它们的领域。然后它们的肛门贮袋会向外翻，形成一个向领袖服从的姿势。它们亦会用爪子把分泌出来的物质抓在地上，形成一道嗅觉的疆界。

斑点鬣狗看上去身体倾斜，就像熊的姿势，它的前身比后身大。斑点鬣狗的心脏很大，具有惊人的耐力，可以保持每小时10千米的奔跑速度。当追捕猎物时，斑点鬣狗能够保持每小时50千米的奔跑速度。斑点鬣狗还是游泳能手，它可以控制浮力，在水底闭气行走。野生的斑点鬣狗平均寿命一般是12岁，而畜养的斑点鬣狗则高达25岁。

斑点鬣狗在追捕成年的角马时，一般时速会维持在60千米。斑点鬣狗在追捕猎物时通常单独行动，但如果遇到抵抗性较强的猎物时，它们就会成群结对活动。角马被追踪时，有时会逃入水中以避开追捕，但这对斑点鬣狗的狩猎没有什么影响。斑点鬣狗一般都能狩猎成功。斑点鬣狗的捕食能力非常强大，一只斑点鬣狗就可以杀死一匹成年的雄性角马。斑点鬣狗捕获的猎物中，有75%都是它独自猎杀的，但独自猎杀的成功率一般只有26%，这与成群的斑点鬣狗的46%成功率相比当然是相形见绌。

斑点鬣狗狩猎斑马则需要高超的技巧。这是因为，斑马会集体逃跑，并且带头的斑马会全力保护自己的同伴。狩猎斑马一般需要10~25只斑点鬣狗，并会以新月的队形进行追捕。追捕速度往往都很慢，时速只有15~30千米。领头的斑马会尝试着把斑点鬣狗与斑马群隔开，一旦有斑马落在群后，斑点鬣狗就会一拥而上，这种情况常常在追捕3千米才会发生。虽然有时斑点鬣狗会骚扰领头的斑马，但它们的真正目的其实是为了引开领头斑马的注意力，因为它们的目标是斑马群。

狐的斩尽杀绝

狐长得很奇特，尖嘴大耳，长身短腿，身后还拖着一条长尾巴。人们习惯把它叫做"狐狸"。事实上，狐和狸是两种截然不同的动物，不能把它们混为一谈。

狐在北美、欧洲、亚洲和非洲的森林、草原、灌木丛和丘陵等地区有广泛分布。它的种类很多，有赤狐、灰狐、白狐等。狐贪得无厌，无论是老鼠和兔子，还是蛙、鱼、鸟，都是它喜欢吃的食物。它甚至连鸟蛋、昆虫、动物尸体和浆果等，也往往"来者不拒"。

狐是很聪明的动物。根据环境和捕食对象的不同，它们采取的捕食方法也不一样。

狐有杀过行为。它们一次杀死的猎物常常远远地超过了自己的食量。狐经常在夜里闯入家禽棚舍，杀死农民饲养的鸡、鸭。荷兰的一位动物行为学家曾于夜晚守候在一个鸡舍旁，他亲眼看见一只狐跳进鸡舍，只不过10分钟的时间，便把鸡舍里的12只小鸡全部杀死。但是，这个残忍的家伙走时却只带了1只小鸡，其余的11只死鸡被留在了现场。在暴风雨的夜晚，狐还经常潜入黑头鸥的栖息地，把几十只黑头鸥逐个咬死，但是它并不吃掉黑头鸥，也不带走，而是得意洋洋地空嘴离去。

关于狐有杀过行为的原因，有的动物学家认为，这是与狐凶残的本性分不开的。也有的科学家对此解释说，这只是一种偶然现象，狐在捕猎时靠近猎物，猎物自然就会惊慌失措，四处逃窜。受到强烈刺激的狐，就会一反常态，一顿滥砍滥杀。

狐在杀过行为中，采用的是"斩尽杀绝"的捕食技巧，而在捕食昆虫时，

狐使用的则是"顺手牵羊"的战略。当狐发现地上有可食的昆虫后，它就会不慌不忙地走上前去，低头把毫无反抗能力的昆虫用嘴叼起来，然后一口吞下肚去。如果遇到的昆虫会跳跃或飞行，狐就会把鼻子伸进草丛，来回搅动，或用前爪用力拍打灌木丛四周，把这些昆虫赶出来，然后张口把它们吃掉。

狐在捕食小鸟或松鼠时，不像捕食昆虫那样容易，它需要花费较大的气力。这时，狐就会进行偷袭。它像猫捉老鼠那样，蹲下身子，慢慢匍匐前进，尽量隐藏自己的行踪，它的头部始终朝向小鸟或松鼠，目不转睛地盯着它们。狐先是轻轻地向前移动，然后加快步伐，最后会直接向猎物跑去，发起猛烈攻击。狐一跃而起，猛扑猎物，来不及逃跑的猎物就会落入狐口。

狐最喜爱的食物是鼠类和兔子。然而，捕捉这些动物并不容易。因为鼠类和兔子十分机灵，四周稍有风吹草动，它们就会迅速钻入洞穴或岩缝，消失得无影无踪。所以，狐在捕食这些动物时，煞费苦心，用上了自己的全部技能。狐对鼠类和兔子的整个捕猎过程，需要经过寻迹、窥探、潜近和猛扑"四步曲"。

鸭子也是狐的捕捉对象。当狐看到一群鸭子在戏水时，它就会把一些枯草用爪子抛进水里。枯草慢慢地漂向鸭群，起初鸭子并没注意。于是，狐就在嘴里衔一些枯草，然后悄悄地下水，游向鸭群。等游近时，狐会突然从枯草下猛扑过去，顷刻间，鸭子就葬身狐口了。

灭鼠能手黄鼠狼

　　黄鼠狼的大名叫黄鼬，在草原、山区以及城市和乡村的居民点附近都能看到它的踪迹。不过，它不是人们想象中的坏家伙，而是一个对人类有益的动物。

　　民间有句俗话："黄鼠狼给鸡拜年，没安好心。"这个家喻户晓的"大罪名"，黄鼠狼已经背负了很多年，不过，这还真是"冤枉"黄鼠狼了。其实，黄鼠狼根本就不爱吃鸡。

　　为什么这么说呢？研究专家找来5000只黄鼠狼，对它们进行了解剖。从它们胃里剩的一些残骸来看，其中仅有两只黄鼠狼吃了鸡。接着，他们又找来活的黄鼠狼，对它们进行试验。专家把黄鼠狼和鸡及其他一些动物放在同一个笼子里，而每次都有鸡，然后观察动静。结果，只有最后一次，笼子里只剩

下鸡了，黄鼠狼才把它吃了。可见，不到万不得已，黄鼠狼是不会吃鸡的。

既然黄鼠狼不爱吃鸡，那它喜欢吃什么呢？你一定想不到，它最爱吃的竟然是老鼠，甚至把它称为"捕鼠能手"也一点儿都不夸张。这家伙一年能消灭300~400百只田鼠，可谓功勋卓著。所以，黄鼠狼并不应该受到斥责，反而应该受到人们的尊重。

动物·小·知识

在东北地区，流传说黄鼠狼会邪术。如果一个人救了黄鼠狼，那么他这辈子会很好运，但他的第二辈就会受到迫害。如果一个人害了黄鼠狼，那么他会与一只小黄鼠狼一起吊死。也就是说，碰见黄鼠狼就是晦气。

要是有老鼠被黄鼠狼逮住，只要几口就会被它吞进肚子里。如果一大窝老鼠被黄鼠狼发现，这下可就惨了，黄鼠狼会蹑手蹑脚，轻轻地掘开鼠洞，然后各个击溃，来它个满门抄斩。而其中获益最大的当然是农民兄弟，有人曾做过计算，一只黄鼠狼1年捕捉的田鼠，可以避免300~400千克的粮食遭到损失。如此说来，我们是不是应该嘉奖它为"灭鼠专家"、"农田卫士"呢？

此外，黄鼠狼还是蛇的冤家对头。许多人都怕蛇，可黄鼠狼一点儿也不畏惧。面对蛇时，它总能灵活应对，通过不时地跳跃变换自己的位置，找寻有利的攻击位置。当蛇头伸出的一瞬间，黄鼠狼会迅速蹿上去，先咬住蛇头，然后再放手。这样几次，蛇就被咬死了，成为它的又一顿美餐。

每种动物都有自己的法宝，否则，想生存下去都很难，这就是大自然赋予它们的独门秘籍。有趣的是，黄鼠狼的"护身符"，就是能熏死人的臭屁。

和放屁虫、椿象、臭虫一样，黄鼠狼体内也有分泌臭味的器官，这就是位于肛门附近的臭腺。可别小看了它，只要有敌人出现，在关键时刻，臭腺就会分泌出臭液或臭气，这是一种奇臭且有毒的物质，气体中含有硫化氢。一般被臭气击中的敌人，中毒是少不了的，只能乖乖地溜之大吉。

凶残狡猾的豺狗

豺狗非常狡猾凶残，善于群体捕猎，且配合十分默契，猛兽看到它们都会躲让不及，堪称"山中之王"。

豺狗喜欢群居，经常三五成群一起活动。一旦发现猎物，其中一只豺狗就会连吓带"哄"地尽量拖住猎物，不让猎物逃得太快，而其他几只豺狗就会分别从两侧夹击，堵住猎物的逃路。这时，猎物进退两难，靠近其尾部的豺狗就会乘机跳上猎物的背部，然后用利爪掏出猎物的肠子，在猎物肚空血

尽之时，豺狗便会一拥而上，抢拖撕咬，将猎物吃得干干净净。

豺狗常会捕食野猪和山麂等中小型的野生动物，有时也会到乡村附近偷猎家畜。当遇到牛时，便会有一只豺狗跑到牛的面前嬉戏，另一只豺狗则跳到牛背上用前爪在牛屁股上抓痒。当牛感到无比舒服而翘起尾巴时，豺狗便会乘机痛下"杀手"。

 动物·小·知识

> 　　按照民间说法，豺是猎神的狗（一说为二郎神的狗，二郎神即
> 是猎神），所以在食肉猛兽中，豺最威猛。豺狼虎豹，豺名列第一！
> 有豺出没的地方，狼虎豹一定回避。所以什么野物都可以打，就是
> 不能打豺，一打必然遭报应。

豺狗非常狡猾，当它们发现幼小的羚羊时，不会直接对其发起攻击，而会先向母羚羊发起挑衅。这时，母羚羊会先将小羚羊放在一边，然后用自己的双角勇敢地迎接豺狗的进攻。这时，雄羚羊也在附近，它牢牢守护在小羚羊身边。豺狗想对它发起进攻，但由于它的双角坚硬而锋利，豺狗根本不是它的对手。因为雄羚羊要保护孩子，所以不能前去为"妻子"助阵。但是，有的时候，雄羚羊因担心自己的"爱妻"斗不过豺狗，常常会控制不住自己，将子女放在一边，跑去和妻子一同与豺狗战斗。这也正中了豺狗调虎离山的奸计。这时，马上会跑出另一只豺狗，把小羚羊飞快地叼走。等到同伴叼着小羚羊走远后，豺狗们就会主动收兵，去庆贺胜利，饱食羚羊肉。

豺狗是山林一霸，然而，在举止斯文、行动笨拙的大熊猫面前，它们却很少占到便宜。豺狗袭击大熊猫时，大熊猫只需用前脚将头抱住，全身紧缩成一个大圆球，然后一骨碌滚下山坡。当大熊猫看到一只豺狗已经冲到自己面前的时候，它们就会以大树为后盾，毫不畏惧地坐在树下，与豺狗摆开阵势。当豺狗扑过来时，大熊猫便朝豺狗狠击一掌，往往会将豺狗打得晕头转向。

松鼠的储食方式

　　松鼠的耳朵和尾巴上都长有特别长的毛，能够适应树上生活。像长钩一样的爪子和尾巴，可以使它倒吊在树枝上。在黎明或傍晚，松鼠就会离开树，到地面上捕食。秋季，松鼠找到了足够的食物后，就会把食物储存在树洞或在地上挖的洞穴里，并用泥土或落叶封住洞口。

　　松鼠的巢经常筑在茂密的树枝上，它有时会利用其他鸟的废巢，有时也会在树洞中做巢。松鼠除了吃野果外，还喜欢吃嫩枝、幼芽、树叶，甚至昆虫和鸟蛋也会成为它的食物。

当秋季来到时，松鼠就开始储藏食物，几千克的食物常被它分几处储存，有时，松鼠还会把食物晒在树上，不让它们霉烂变质。到了寒冷的冬天，松鼠就不用为寻找食物发愁了。因此，人们把松鼠称为储存食物的高手。

 动物·小·知识

　　松鼠是对主人非常温顺的小家伙，我们也要温柔地对待它们，这样它会对你死心塌地，绝对不会用牙齿伤害到你。当然它们会用牙齿轻轻地啃你的手指，和你玩耍，感觉会很痒，这是它对你友好的表示。

冬天到来时尽管积雪覆盖着地面，但松鼠仍能毫不费力地找到自己所藏的食物，因为松鼠有极其发达的嗅觉。当然，有时候，也会有一些红松种子被松鼠遗漏，但这有助于红松种子的扩散和传播，能够促进天然更新。所以，松鼠也是红松的种植者。

以蚁为食的食蚁兽

　　食蚁兽栖息在拉丁美洲，它是一种奇异的哺乳动物，属贫齿目，食蚁兽科。食蚁兽主要以蚂蚁、白蚁和其他昆虫为食。它的嘴细小，就像锥子一样；舌头细长；眼、鼻、耳孔都很小。

　　南美洲有3种食蚁兽：即大食蚁兽、小食蚁兽和二趾食蚁兽。大食蚁兽像猪那样大，体长可达130厘米，高达90厘米，体重30~35千克。小食蚁兽像狗那么大，身长60厘米，尾巴长45厘米。二趾食蚁兽仅有15厘米长，它们的大爪和盘卷的尾巴能够抓住树枝，很少离开树木。

　　在草原沼泽区生活的大食蚁兽都是游泳高手。它在地面行走时，长长的

管状吻会贴近地面，不停地寻找食物。食蚁兽除嘴和舌比较特殊外，还有其他许多奇特的地方，如它的前腿粗壮有力，爪子尖锐，像镰刀那样弯曲，这是为了自卫或掘穴食蚁；又如食蚁兽长着又硬又厚的皮肤，能够防御其他动物的尖齿利爪。

食蚁兽进食时总是囫囵吞枣的。平时，我们也见过很多生物，比如鸡、鸭等，它们进食时也都是像食蚁兽那样囫囵吞枣。那么，食蚁兽又是怎样捕食的呢？

动物小·知识

一头食蚁兽在一个蚁穴中只吃140天左右的蚂蚁，吃完后就离开再另换一个蚁穴。靠这种吃法，它可以保证自己领地内蚁穴中的蚂蚁存活下去，以便它改天再来美餐。

在热带地区，栖息着大量有害的树白蚁和地白蚁。其中有些白蚁异常凶狠，它们常成群结队向对手发起进攻。遇上大蛇时，它们也会包围起来，进行群攻，大蛇被吃得仅剩一架白骨。然而，食蚁兽却是白蚁的克星，食蚁兽能消灭掉大量白蚁，为动物、植物及人类带来很大益处。

在食蚁兽准备捕食白蚁时，嗅出气味后，就会用前爪刨开蚁封，直接把蚁窝挖开。白蚁惊慌得四处逃窜，食蚁兽便趁机伸出它那30厘米长的舌头，像人舔食芝麻似的，把白蚁牢牢地黏在舌头上送入口腔。

食蚁兽是如何用舌头准确地黏住白蚁的呢？原来，食蚁兽长有下颌唾液腺，它高度发达，能够源源不断地分泌出一种黏液。这种黏液就像胶布似的，把白蚁牢牢黏住，送到嘴里，囫囵吞掉。食蚁兽的这条伸缩自如的长舌就是用来专门"抓"取昆虫充饥的。食蚁兽最爱吃的食物就是蚁类，这也就是它名字的由来。食蚁兽每餐都要吃数量繁多的白蚁。动物学家经分析得知，一只未成年的食蚁兽可以吃掉0.45千克重的蚁或蚁的幼虫。

蜣螂滚粪球

　　蜣螂也叫屎壳郎、推粪虫，体型大小相差悬殊，最大的像一个乒乓球，而小的只有纽扣般大小。蜣螂的头前面非常宽，上面还长着一排坚硬的角，排列成半圆形，很像一把种田用的圆形钉耙，可以用来挖掘和切割，收集它所中意的粪土。

　　蜣螂用头上这把"钉耙"将潮湿的粪土堆积在一起，压在身体下面，推送到后腿之间，用细长而略弯的后腿将粪土压在身体下面来回地搓滚，再经过慢慢地旋转，就成了枣子那么大的圆球。然后，它们就把圆圆的粪球推着

滚动起来，并黏上一层又一层的土，有时地面上的土太干黏不上去，它们还会自己在上面排一些粪便。

蜣螂以粪便为食，是大自然的清道夫。它们凭借敏锐的嗅觉，能够从很远的地方闻到动物或家畜刚排出的粪便的气味，于是立即飞来，品尝佳肴。但是，粪便是动物消化吸收后排出的残渣，营养成分很低，蜣螂为了要维持营养和体能，必须大量吞食粪便。它们往往从早晨到晚上，一直不停地进食，而且边吃边拉，拉出来的黑色线状的粪便就有2~3米长。因此，蜣螂一旦发现粪源就如获至宝，急忙搬运，而快速搬运的方法，当然就是滚动了。

蜣螂在推粪球时，往往是一雄一雌，一个在前，一个在后。前面的一个用后足抓紧粪球、前足行走，后面的用前足抓紧粪球、后足行走，碰上障碍物推不动时，后面的就把头俯下来，用力向前顶。因此，这个圆球往往是一对蜣螂合作的成果。粪球越滚越大，甚至比它们的身体还要大。这时，一对蜣螂仍然不避陡坡险沟，前拉后推，大有不达目的誓不罢休的气势。

蜣螂原本默默无闻，却在澳大利亚一举成名。1786年，澳大利亚由英国移民带入了第一批奶牛，之后又从欧洲引入了大批牛羊种群，结果牛羊大量繁殖，牛粪大量堆积在牧场上，使牧草枯萎，从中又孳生着大批蚊蝇，吮吸人畜血液，传播疾病，搞得举国不安。澳大利亚虽然也有"推粪球"的蜣螂，但它们只喜欢推袋鼠的粪便，对牛羊的粪便却从不问津。

澳大利亚为此成立了"蜣螂"研究所，并且经过研究发现原产于中国的神农蜣螂、以及原产于欧洲和美洲的蜣螂都嗜食牛羊粪。于是，这些蜣螂便乘上了飞机，远渡重洋到遥远的澳大利亚安家落户，大量繁殖，在牧场上清除牛羊粪便。不久以后，澳大利亚几个大牧场中生活的450万头牛羊每天排泄的450万堆粪便统统被蜣螂日夜不停地清理掉了，并且又将食后的粪便排入表土下面，既松了土，又成了改造土壤的肥料。推粪虫——蜣螂在澳大利亚群聚大会师后，战绩辉煌，显赫一时，成了农牧业的头条新闻。澳大利亚甚至要为"屎壳郎"建一座纪念碑来表彰蜣螂为人类所做的贡献。

 动物·小·知识

屎壳郎被非洲人民认为是图腾神物，因此由它推着世界杯用球出场，绝非恶搞。对于屎壳郎的含义，有关解说员解释说，"它们总是辛勤劳作，排除万难，滋养肥沃的土地。"

有的蜣螂为了争夺粪球，还要进行争斗，它们互相扯扭着，腿与腿相绞，关节与关节相缠，发出类似金属相锉的声音。胜利者爬到粪球上，继续滚动前行，失败者被驱逐后，只有走到一边，重新寻找属于自己的"小弹丸"。也有时候，它们并不甘心失败，还会耐着性子，准备用更狡猾的手段伺机偷盗到一个粪球。

但事实上，这个圆球只不过是蜣螂的食物储藏室而已。屎壳郎推粪球是为它们的儿女储备食料。雌雄成虫把粪球推到事先挖好的地下储藏室内放好，不仅以此为储备粮，而且每当雌蜣螂分娩时，便在每个粪球上方的中心产下一枚卵，这个粪球就是即将出世的幼虫所需的全部口粮，其能量足够它化蛹后直至变为成虫为止。

蚁狮设陷阱捕蚂蚁

古代猎人在捕猎的时候，通常会在地上挖一个大坑，坑底栽上尖利的竹刺。然后，用树枝茅草把坑盖得严严实实的，这样，一个陷阱就做好了。猎人只要潜伏在周围的大树上，静观其变就可以了。如果野兽不小心踩到了陷阱，立刻就会掉到陷阱里丧命黄泉。然而，在昆虫王国里，也有一位出色的猎手，善于挖掘陷阱，它就是蚂蚁的天敌——蚁狮。现在，就让我们来看一看这位聪明的"猎手"是怎样捕猎的吧。

如果路过村边的荒郊沙地，你或许会注意到一种昆虫，它个头不大，身长仅1厘米，体格健壮，脑袋小，一身灰褐色的外衣，和沙土颜色几乎一样。

它的脑袋上有一对钳形大颚，看上去就像一只大蜘蛛，令人生畏。它吃起蚂蚁来，简直是毫不客气，它会将蚂蚁拦腰咬住，凶猛得像狮子一样，因此，得名蚁狮。

蚂蚁最善于集团军作战。蚁狮如果从正面攻击蚁群，一旦被发现，那就糟了，也许反倒会成为蚂蚁的猎物。不过，蚁狮并不傻，它会采取一种特别的方法来对付蚂蚁。这种方法使自己退可以隐藏，进可以杀蚂蚁于无形之中。这种方法会是什么呢？对了，那就是陷阱！蚁狮就像猎人一样，会在沙地上挖一个小坑，20厘米深，像一个小漏斗。然后，把自己埋在坑里，蚂蚁一不留神就会掉进这个陷阱里。而守候在里面的蚁狮，马上可以饱餐一顿，高明吧？

你或许很好奇，蚁狮是如何巧设陷阱的呢？这恐怕要从它的父母蚁蛉说起。蚁蛉是蚁狮的成虫，长得和自己的儿女一点儿也不像。它身体细长，约有3厘米，有一双透明的翅膀，薄得像轻纱。停在树叶上时，很像一只美丽的小蜻蜓。每到产卵的季节，雌蚁蛉便选择一片干燥松软的沙土，将卵产在土中。在阳光的照射下，不多久，小蚁狮就孵化出来了。

这个"猎手"一旦出世，就开始营造陷阱。在造陷阱的时候，它先把尾巴向沙土里一拱，然后一面旋转一面向下，身体很快就陷进沙子里去了，一对大颚却露在外面，然后继续往沙里钻，不停地用大颚将沙粒弹出。不一会儿，沙坑的口儿一点点扩大，最后就形成了一个漏斗形的陷阱。一切都安排好后，蚁狮便一动不动地埋在底部，等待猎物自动送上门来。

捕获猎物后，蚁狮首先会把毒液注射到蚂蚁的体内，将它麻痹，并把它的内脏溶解掉，然后美美地吸食一顿。最后，蚂蚁的躯壳没用了，就会被它大颚一挥，扔出坑外。这会儿，它可真像一个吃饱喝足的恶魔。不过，为了下顿饭，它不得不马上开始动工，把陷阱重新整修好，好迎接下一个牺牲者的到来。看到蚁狮的这般作为，人们给它起了个外号——"老等"。

蜘蛛的天罗地网

　　蜘蛛身体呈圆形或长圆形，分为头胸部和腹部，中间有细的腹柄相连。蜘蛛长有触须，雄蜘蛛的触须长有一精囊。蜘蛛胸部长着8条腿，腹部有3对构造复杂的丝囊，上面有许多纤细的丝管。蜘蛛是近视眼，没有耳朵。

　　蜘蛛喜欢在屋檐下或草木中栖息。它肛门尖端的突起可以分泌黏液，这种黏液遇到空气就可凝成细丝。蜘蛛的主要食物是昆虫。在不易被破坏的旮旯、树梢、草丛以及昆虫时常出没的地方，人们经常会发现蜘蛛结的八卦形的网。金园蛛的个头较大，它的网黏性极强，一些重量很轻的鸟会被它的网黏住。平时，蜘蛛不会待在网上，但网上总有一根细丝与蜘蛛休息的地方相连，只要昆虫一触网，蜘蛛就会获得信息。对那些黏在网上的昆虫，蜘蛛都

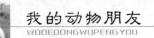
会先咬上一口，在昆虫体内注入一种特殊的液体——消化酶。这种消化酶能使昆虫昏迷、抽搐直至死亡，并使昆虫的肌体发生液化，成为"一听液体的高蛋白罐头"。

动物·小知识

　　蜘蛛的生活方式可分为两大类：即游猎型和定居型。游猎型者，到处游猎、捕食、居无定所、完全不结网、不挖洞、不造巢的蜘蛛。蜘蛛似乎懂礼貌，凡营独立生活者，个体之间都保持一定间隔距离，互不侵犯。

　　蜘蛛的繁殖很奇特，雌蜘蛛成熟较晚，对雄蜘蛛的求爱常不愿接受，还不断发出威胁和攻击，甚至把异性吞掉。因此，雄蜘蛛总是小心翼翼地走向雌蜘蛛，对雌蜘蛛百般爱抚。雌蜘蛛还不罢休，张开前螯来咬，雄蜘蛛只好用前肢的钩夹住雌蜘蛛的毒螯，赶忙向雌蜘蛛孕囊里射精，然后仓皇逃逸。蟹蛛的"求爱"方式更有趣，用强劲的丝把对象纵横交错地缚起来，系在地面上。

　　蜘蛛的种类很多，性质千差万别，但大部分都是"恶妻吞夫"的。母蜘蛛性成熟后，身上会发出一种特别的气味。雄蜘蛛嗅引这种气味后，就会迅速到母蜘蛛结的网上"求爱"。母蜘蛛对上网求爱的雄蜘蛛咬上一口，这样，雄蜘蛛也像撞网的昆虫一样，刚做完爱就成了母蜘蛛口中的美味佳肴。

青蛙的捕食技巧

　　青蛙的捕食速度非常惊人。当它捕食时，它会蹲在稻田里，一动也不动，只是偶尔眨动一下那凸出的眼睛，它似乎对停在眼前的禾秆上的蛾子视若无睹。可是，当蛾子刚要展翅起飞时，青蛙就会以迅雷不及掩耳之势，猛地跳起来，大嘴张开，翻出舌尖，逃跑不及的蛾子立刻就会被"勾"进嘴里。青蛙的捕食速度之快简直让人佩服得五体投地。可是，青蛙为什么不捕食静止不动的蛾子呢，那样不是更省力吗？

　　青蛙最与众不同的地方就是它的眼睛。青蛙长着不同于其他动物的眼睛，运动着的物体，它们可以看到。不动的蛾子，青蛙则熟视无睹。然而，只要蛾子稍微一动，就会被青蛙发现，吞进口中。此外，青蛙的眼睛还有一种奇异的功能，能够分辨出不同的图像。它能够在各种形状的飞动着的小昆虫里，

迅速识别出适合它胃口的美食，而对飞虫身后静止不动的背景却没有任何反应。这就是说，蛙眼不像照相机那样，能够把镜头前的景物毫无遗漏地全照下来，它只能看到对它有用的景物。

青蛙有3个非常重要的秘密武器：一张宽阔的大嘴巴；长而分叉的舌头；还有特殊的眼睛。

青蛙的舌头长在下颌的前面，而不是长在口腔的后部，舌头朝着咽喉。当它捕捉飞虫时，舌头就闪电般突然向外翻伸，舌面上能够分泌出黏液，飞虫一碰上，立刻就回被黏住，然后，青蛙的舌头快速翻转，飞虫就会被吞进肚子了。

动物小·知识

青蛙除了肚皮是白色的以外，头部、背部都是黄绿色的，上面有些黑褐色的斑纹。有的背上有三道白印。青蛙为什么呈绿色？原来青蛙的绿衣裳是一个很好的伪装，它在草丛中几乎和青草的颜色一样，可以保护自己不被敌人发现。

从小我们就知道青蛙是捕食害虫的能手。它目不转睛地盯着迎面飞来的各种小虫子，一点不露声色，但是只要确定了目标，它就会像一支离弦的箭似的，腾身跃起，将长长的舌头伸出口外，把虫子卷到嘴里，那可真是百发百中呢！这时候，细心的小朋友会发现，青蛙每次吞咽食物的时候都会眨眼睛；吞咽的食物越大，眨眼睛的次数也就越多，直到这些食物全部吞下去才会停止，这是为什么呢？

原来，这和青蛙的头部结构密切相关。青蛙有一张宽大的大嘴巴，可是却没有牙齿，当它用那长长的舌头将飞虫黏住，送进嘴里之后，只能"囫囵吞枣"，把整个食物都吞下肚去。而青蛙的眼眶底部也没有骨头，眼球与口腔之间只隔着一层薄薄的膜，所以，每次吞咽食物的时候，青蛙的眼肌就会收缩，产生眨眼的动作。这个时候，青蛙的眼球就会向着口腔内部挤压，将食物推进食道。

科摩多龙先发制人

　　1912年，在印度尼西亚的科摩多岛上，人们发现了科摩多龙。这是一种体长3米的大蜥蜴，是目前世界上最大的蜥蜴。在印度尼西亚的另一些岛上，也分布有这种大蜥蜴。科摩多龙全身长着鳞甲，四肢非常粗壮，尾巴很大，样子有点像鳄鱼。但是由于它躯体庞大，模样显得有点狰狞可怕：在它巨大的头上，有两只闪烁逼人的大眼睛，口中还长有锋利的牙齿，层层叠叠的厚皮肤围绕在它的粗脖颈的四周。

　　科摩多龙在捕食时，它凶残的本性就会完全暴露。当一条科摩多龙从树林里慢悠悠地爬出来，发现了卧在水塘边的山羊时，就会吐着舌头慢慢向山羊靠拢。山羊一点儿也不害怕这种巨蜥，它"先发制人"，猛地一弹后蹄，撞向科摩多龙的右脑门。科摩多龙早已领教过这一手，趁着山羊再次竖起后蹄，准备发起第二次进攻时，科摩多龙粗壮的尾巴用力一扫，想打断山羊的双腿，久经沙场的山羊成功地避开了巨蜥闪电般的袭击。然而，山羊毕竟敌不过庞

大的科摩多龙。当科摩多龙的尾巴第三次扫来时，山羊被打倒在地，成为科摩多龙的美食。

动物·小·知识

科摩多巨蜥是冷血的杀手，同时也是忠实的食肉动物，位于所处区域食物链的顶端。虽然它们不会吐出火焰，但是它们依旧被认为是科摩多的龙。

研究发现，作为肉食性动物的科摩多龙不喜欢挑食。科摩多龙幼体以捕食昆虫、小型哺乳动物、爬行动物和鸟类为食；成年的科摩多龙以捕食野猪、鹿和水牛等大型哺乳动物为食，有的也以鸟蛋、小动物和动物的腐尸为食。科学家根据发掘到的化石得知，200万年前，科摩多龙已在岛上生活，当时那里还没有野猪、鹿和水牛，5000年前，人类把野猪、鹿、水牛带到了岛上。人们不禁要问，那时的科摩多龙依靠什么食物为生呢？

研究表明，200万年前，印度尼西亚的岛屿上生活着四种较大的动物：竹鼠、大龟、俾格米象和科摩多龙。科摩多龙不把大龟作为捕食的对象，因为大龟有坚硬的甲壳保护自己，科摩多龙很难吃到壳内的龟肉。竹鼠又太小，填不饱肚子，科摩多龙对它也不感兴趣。能够使科摩多龙得以饱餐的只有俾格米象，因为俾格米象身材高大，足有1.15~1.5米，体重与一头河马的2/3相当，是科摩多龙理想的捕捉对象。科摩多龙身体肥胖、不善于奔跑，捕捉俾格米象时只能采用"守株待兔"的方法：它经常埋伏在俾格米象出没的地方，等俾格米象经过时，就会用大尾巴把对方突然击倒。

俾格米象在印度尼西亚的岛上早已灭绝，为什么科摩多龙却仍然存在呢？原来，它身怀能捕获多种动物的绝技，当理想的美味——俾格米象完全灭绝后，它们就果断地改变口味，去捕食新的猎物。科摩多龙把捕猎目标瞄向了被人们带上岛屿的野猪、鹿和水牛等大型动物。正是科摩多龙具有极强的适应性，才能够历经200万年的风风雨雨，依然存在于地球，而不像地球生物舞台上的匆匆过客那样，消失殆尽。从这点来说，科摩多龙不愧为真正的大蜥蜴。

蛇的捕食技能

蛇是爬行动物中比较特别的一种。它们全身长满鳞片，没有腿，但是爬行速度却很快，而且爬行时身体会不停地扭动。蛇的视力很差，但它们的嗅觉极好，可以飞快地伸出分叉的舌头，捕捉空气中各种猎物的气味。所有的蛇都是肉食动物，但根据其种类的不同，其食物也不尽相同，这在很大程度上取决于它们个头的大小。大多数的蛇一般都是以鼠、青蛙、蜥蜴、鱼和昆虫等小动物为食，还有许多蛇专门以其他的蛇为食，而有些个头比较大的蛇则能够捕食比自己还大的猎物，比如鳄鱼。

动物·小·知识

除眼镜蛇外，蛇一般不会主动攻击人。只有在过分逼近蛇体或无意踩到蛇体时，蛇才会咬人。如果遇到蛇，它不向你主动进攻，千万不要惊扰它，尤其不要振动地面，最好等它逃遁，或者等人来救援。

然而，不管这些蛇以哪种动物为食，它们都有属于自己的捕食绝活。捕食猎物之前，身体庞大的蟒蛇喜欢盘在树冠里，伪装成粗大的枝干，当其他动物走到树下乘凉时，它就会突然探出头来咬住毫无防备的猎物，然后用身体将它紧紧缠住，直到猎物窒息而死。响尾蛇的体内有个叫热坑的感觉器官，可以探明温血动物的位置以及自己与猎物之间的距离等，从而准确出击。毒蛇在捕食猎物时，会将它们毒性极大的毒液注入猎物的体内，将猎物迅速杀死，因此，即使遇到比它们强大的猎物，它们也可以先毒死对方，避免自己受到伤害。蝮蛇最惯用的手段就是拟态，它常常伪装成树枝，当不明真相的小鸟停上来休息的时候，它就会突然出击捕捉小鸟。杀死猎物时，有些蛇习惯于使用锋利的牙齿，有些蛇则会通过挤压猎物使其窒息再猎食。而在进食猎物时，那些爱吃青蛙、鱼、虫和其他小动物的蛇习惯于咬住猎物，直接吞下去。那些习惯于捕食比自己大的猎物的蛇，则不仅具有极富弹性的皮肤，而且它们的腭在吞食的时候能够暂时脱节移位，使得庞大的猎物能够被顺利地吞下去。

蛇的捕食方法真是五花八门，它们这些绝妙的捕食本领是怎样形成的呢？这些问题至今仍然困扰着科学家们。

鳄鱼称霸水域

　　鳄鱼身披盔甲，生性残暴，拥有一张血盆大口，是最丑陋凶残的动物之一。现实中，几乎没有哪种动物愿意招惹这种凶残无比的杀手。鳄鱼是一种非常古老的爬行动物，2亿多年前就已经遍布地球的各个角落了。鳄鱼并没有在6000多万年前的那场灾难中和恐龙一起灭绝，因此可以称得上是一种活化石。

　　鳄鱼平常半潜伏在水底，只把两只眼睛露在外面，一动不动，就像一段烂木头浮在水面上。在接近猎物的一瞬间，鳄鱼会猛冲上去，把猎物活活吞下。如果猎物太大吞不下去，鳄鱼就会用大嘴夹着猎物在石头或树干上猛烈摔打，直到猎物被摔成碎片，然后再张口吞食。

鳄鱼喜欢集体猎食，捕获猎物后，它们会共同享用丰盛的大餐。鳄鱼撕裂、分食猎物死尸的方式相当独特：由一只鳄鱼将猎物死死拖住，使其固定不动，另一只鳄鱼则会咬住猎物，紧锁住猎物的颈部肌肉，然后旋转。每旋转一次，咬住猎物的鳄鱼便会得到一大口肉食。

 动物·小·知识

在人们的心目中，鳄鱼就是"恶鱼"。一提到鳄鱼，立刻会想到血盆大口、密布的尖利牙齿、全身坚硬的盔甲、时刻准备吃人的神态。它的视觉、听觉都很敏锐，外貌笨拙其实动作十分灵活。

鳄鱼是卵生动物。母鳄鱼在产卵前，会先上岸选好地点，用树叶、干草铺一张"软床"，然后开始产卵。产卵以后，它们会把卵藏在树叶和干草下面，然后进行孵化。这时的母鳄鱼凶恶无比，不准任何动物接近自己。小鳄鱼出壳以后，先趴在妈妈的背上觅食，半年以后才能独立生活。

鲨鱼的特异功能

鲨鱼是海洋中的庞然大物，号称"海中狼"，在古代叫做鲛、鲛鲨、沙鱼。在恐龙出现前的3亿年前，鲨鱼就已经存在于地球上，至今已超过4亿年，它们在近1亿年来几乎没有改变。最小的鲨鱼是"侏儒"角鲨，小到可以放在手上，它长约二三十厘米，重量还不到500克。世界最大的鱼是鲸鲨，长达18米，重达4吨。

鲨鱼个头很大，肌肉发达，身体坚硬，呈纺锤形。口鼻部分因种类不同而有所差异，有尖的，如灰鲭鲨和大白鲨；也有又大又圆的，如虎纹鲨和宽虎纹鲨。鲨鱼垂直向上的尾（尾鳍）呈新月形，大部分种类的鲨鱼尾鳍上部比下部大。

鲨鱼的嗅觉很灵敏，数里外的血液等极细微的物质它们都能闻到，并追踪源头。除了具备人类的5种感觉器官之外，鲨鱼还有其他的特异功能，如它们具有第六感"感电力"，并能凭借这种能力察觉到物体四周数尺的微弱电场。鲨鱼还可凭借机械性的感受作用，对200米外的鱼类或动物所造成的震动有所感觉。

鲨鱼非常善于伪装，尤其是大白鲨，能够巧妙地利用自己的体色捕获猎物。由于大白鲨非常庞大，因此，没有其他鲨鱼那样灵活。但大白鲨却是极好的猎人，因为它总能出其不意地发起攻击。大白鲨上身颜色很暗，下身明亮，这种保护色有利于它悄悄地逼近猎物。当它从下方袭击猎物时，由于它的颜色与深海接近，它发动攻击时才会被猎物发现。捕捉猎物时，它很少从上方进行攻击，它白色的下体与海水映出的明亮天色融在一起，捕食时极少会引起猎物的注意。

 动物·小·知识

很多人以为鲨鱼十分坏，一直攻击人类，其实鲨鱼十分胆小，它之所以会攻击人类，是因为我们人类闯进鲨鱼的地盘，所以它才会攻击我们。

鲨鱼是软骨鱼类，不长鱼鳔，主要靠肝脏调节沉浮。游泳时，靠身体的运动和尾鳍的摆动向前行进。大多鲨鱼不能倒退，它很容易陷入类似刺网的障碍中，而且陷进去就难以自拔。鲨鱼的密度比水大，如果鲨鱼不积极游动，就会沉到海底。虽然鲨鱼游得很快，却只能在短时间内保持高速。

协作狩猎的虎鲸

　　岩岬周围潮流涌动，20只虎鲸并肩排成一排，互相间隔50米，迎着潮流慢慢地靠近岬边。这些鲸在水面下方慢慢地游动，只是偶尔浮上来呼吸空气，并用长长的椭圆形鳍状肢和尾鳍拍打水面。在水下，拍打声听起来就像是消了音的枪声。之后是一声长而颤抖的哨声，随后又被像是来自印度集市的号角发出的雁叫般的声音打断，然后它们就开始井然有序地汇集到猎物那里了。它们的猎物是数千只一群的太平洋粉红色大马哈鱼，这些大马哈鱼正被赶向岩石和咆哮的水流之间。在数分钟之内这些鲸就有效地困住了这群鱼，然后

它们开始在外围一条接一条地吞下这些每条重达3千克的鱼。后来这些鲸似乎对狩猎失去了兴趣，开始在水中懒洋洋地打滚，有的时候则会偷偷"跳"起来向四周看看，看着那些岬边的载满大马哈鱼的渔船。随着另一声水下的哨声和雁叫般的声音，所有的鲸又同时潜入水中，5分钟后重新出现在岬的另一边。它们结成紧密的群体逆流而去，渐渐远离了渔船。这些虎鲸保持着紧密的阵形，经过2个小时安静的慢游，来到了另一个岩岬，又上演了另一场协作狩猎的"好戏"。

虎鲸是海豚科体型最大的成员。成年雄性虎鲸长达9米，背上有标志性的背鳍，竖直的背鳍高达2米，是所有鲸中背鳍最大的。雌性虎鲸稍微小一些，背鳍一般约70厘米高。由于后天损伤和遗传的影响，不同的虎鲸背鳍形状不一。

 动物小·知识

英国曾在美军必经之处布下水雷，一天水雷处来了一群不速之客——虎鲸，这些虎鲸不顾一切地用身体引炸水雷。美国官兵受启发训出了一批"虎鲸敢死队"，用来破坏英军水雷，效果极好。但这种做法十分残忍，最起码对虎鲸是不道德的。

虎鲸背部的颜色为明显的黑色，腹部为白色，眼睛上方有一块白斑，背鳍的后下方有一块灰色的鞍状斑纹。由于它们背鳍的形状和鞍状图案多种多样，我们在世界的任何地区都可以识别和研究每一个虎鲸的个体，再加上DNA的证据，我们就可以深入地了解虎鲸的水下世界了。

虎鲸群是由母鲸和它的后代组成，这些后代会世世代代地生活在一起。鲸群里面的成年雄性一般只是群体其他成员的"儿子、兄弟或叔叔"，并不是人们以前认为的那种"一雌多雄"的关系。虎鲸会到自己家族或母系以外的群体去交配。由于这些家族群体会长期聚集在一起，再加上猎物的分布也在变化，结果就形成了捕食特定类型猎物的专门化的群体或生态型。

虎鲸能吃许多种猎物，但是它们的群体一般主要捕食当地丰产的猎物。

这会影响到捕猎形式的变动，也能改变群体的最佳规模，甚至是虎鲸自己的身体型态。所谓的北美洲的"短驻"虎鲸，主要吃海豹和其他海洋哺乳动物。它们以小群的形式活动（平均3头），但是常常单独捕猎，体型比前面提到的专吃大马哈鱼的"常驻"虎鲸要大。在挪威，吃鲱鱼的虎鲸常常形成巨大的群体一起觅食，其中的许多鲸群会一起协作，将成千上万的鲱鱼团团围住；而在阿根廷海滨单独捕食幼海豹的虎鲸又是另一个生态型了。

　　雌性虎鲸通常在十几岁时达到性成熟，它们能够活50~100岁。雄性成熟得晚一些，死得也早一些。一头成年雌性能够每3年生1胎幼崽，直到大约40岁才停止生育。怀孕期要持续15~17个月，照料幼崽也要将近1年。雌性在生育期内大约能够生下5个能存活的幼崽，但显然不是所有幼崽都能活到成年。过了40岁以后，雌鲸就会承担起群体内幼鲸的"保姆"和"教师"的社会角色。

　　有一些虎鲸群会为了追踪猎物而迁移数百千米，而另一些虎鲸群却常年生活在食物丰富的地方。作为顶级的掠食动物，虎鲸的数量不多，但是由于好多群虎鲸聚集在一些常年或季节性食物丰富的地方，会给人一种错觉，认为它们的数量相当多。

食人鱼的锋利牙齿堪比手术刀

在南美洲亚马逊河流域的一些河流和湖泊中生活着一种十分凶猛的鱼，这就是食人鱼，俗称"水中狼族"、"水鬼"。食人鱼主要在黎明和黄昏时觅食，以昆虫、蠕虫、鱼类为主，它们有时甚至会把在河边洗衣服和洗澡的人活活吃掉！在水中称霸的鳄鱼有时也会害怕它们。

 动物小知识

食人鱼有一个独特禀性，就是只有成群结队时才凶狠无比。一旦离群或数量少时就会变的很胆小。如果它们不饿，即便将手伸入水中，它们也不会攻击，甚至会在角落里缩成一团。

食人鱼长相奇特。它的颈部短，头骨尤其是腭骨非常坚硬，上下腭具有很大的咬合力。此外，它们的尖齿异常锋利，比得上外科医生的手术刀，可以把牛皮咬穿，硬邦邦的木板也能被它咬透。它甚至能把钢制的钓鱼钩一口咬断。如果被咬的猎物出血，食人鱼就会更加疯狂，顷刻之间，落入水中的动物就会被它啃得只剩下骨架。

食人鱼总是成百上千条聚集在一起，利用灵敏的视觉和嗅觉寻找进攻目标。猎食时，它们总是首先咬住猎物的致命部位，使其失去逃生的能力，然后成群结队地轮番发起攻击，一个接一个地冲上前去猛咬一口，直到把猎物吃得只剩下一堆白骨为止。

食人鱼喜欢在主流和较大的支流以及河面宽广处栖息。中午，食人鱼会聚在阴凉处休息。成年食人鱼一般在晨昏活动。体长15~24厘米的食人鱼经常在黄昏活动，体长8~11厘米的食人鱼则整日活动。

食人鱼常成群结对出没，每群食人鱼都有一个首领。在旱季，水域变小时，食人鱼就会聚集成大群，对经过此水域的动物进行攻击。很长时间以来，人们一直认为，大群食人鱼进行攻击是由于血的气味引起的，最近有人提出，是落水动物造成的噪音引起了大群食人鱼攻击。

盲鳗的以小制大

曾发生过这样一件令人瞩目的事情：人们在一尾鳕鱼的肚子里，竟然找到了123条盲鳗。而这些盲鳗竟然全都奇迹般地活着，鳕鱼却早已死亡。经过海洋生物学家检查，发现鳕鱼死亡的原因是由于进入体内的成群的盲鳗吞掉了它的内脏。即使在鳕鱼死后，这群入侵者仍然没有停止吞食。

盲鳗身子很软，呈圆柱状，尾鳍扁圆，它的口像个圆吸盘，长着锐利的牙齿，这是盲鳗进攻对象的武器。靠着这张嘴，盲鳗向大鱼发起进攻，它们从大鱼的鳃部钻进体内，吞食掉大鱼的内脏。

动物小·知识

盲鳗的牙齿像一排排梳子，它能钻进鱼和小型甲壳动物干尸的体内，用牙齿一片一片地将肉切下来，最后只剩下鱼皮和骨头。盲鳗是脊椎动物中唯一营体内寄生的动物。

盲鳗十分贪吃，它往往一边吞食，一边排泄。据统计，8小时内，一条盲鳗能够吃掉相当于自身体重20倍的食物。3条250克重的盲鳗，8小时内能够吃掉15千克食物。大家能够想象，123条盲鳗同时不停地吞食那条鳕鱼的惨状。

盲鳗世世代代过着寄生生活，由于见不到阳光，它的眼睛也就逐渐退化了，但这并不影响盲鳗的生活。它的嗅觉非常灵敏，嘴边的须就是它的触角。盲鳗就是依靠着灵敏的嗅觉和触角捕食大鱼的。严格地说，盲鳗不属于鱼类，它只有圆形的口吸盘，没有真正的上、下鳄，所以，应归于低等圆口类动物。然而，即使在圆口类动物中，盲鳗给人的印象也是既阴险又贪婪。

狗鱼的诡计多端

狗鱼属鲑形目，狗鱼科，狗鱼属，又被人叫做黑斑狗鱼、鸭鱼，是北半球寒带到温带里广为分布的淡水鱼。体细长，有点扁，尾柄短小。它的头部很尖，吻部长而扁平，就像鸭嘴。口裂很宽大，口角朝后延长，有头长的一半。狗鱼的牙齿很发达，上下颌、犁骨、筛骨和舌上均长有大小不一的锥形锐齿。它的牙齿不同于其他动物，上颚齿有韧带连着，可以伸出来，狗鱼锋利的牙齿能够轻易地把捕捉到的动物挂住，有时吃不完的牙齿也会挂在牙齿上，以作备用。狗鱼的鳞细小，侧线不太明显。背鳍位置比较靠后，与尾鳍接近，与臀鳍相对，胸鳍和腹鳍都很小。背部和体侧呈灰绿色或绿褐色，散布有许多黑色斑点，腹部呈灰白色，背鳍、臀鳍、尾鳍也长有许多小黑斑点，其余部分为灰白色。最大的狗鱼体长1.4米，体重21千克。

狗鱼喜欢静伏在水中或潜匿在水草丛中，以小鱼、昆虫、水生无脊椎动物为食。当猎物进入狗鱼够得着的范围内，它们就会突然猛冲捕捉。但较大的狗鱼也吃水鸟和小兽。冬末入春时，它们就会在杂草丛生的淡水中产卵繁殖。

在淡水鱼中，狗鱼是生性最粗暴的肉食鱼，它除了袭击别的鱼外，还会袭击蛙、鼠或野鸭等动物。据说狗鱼一天可以吃掉许多食物，这些食物和自己的体重相当。狗鱼的寿命很长，有时，人们还会发现巨大型的个体。

狗鱼生性凶猛残忍，行动十分迅速，它每小时可以游8千米以上。狗鱼不但凶猛异常，而且诡计多端，这与它的侧线构造有着密切关系。实际上，狗鱼的侧线只是一列纵沟纹的鳞片，它具有震动感受点及化学感受点的作用。狗鱼的视觉也非常灵敏，因此，狗鱼能非常快速地感受到猎物的到来。狗鱼大多生活在较寒冷地带的缓流的河滩和湖泊、水库中，在宽阔的水面上游弋，也经常在水草丛生的沿岸地带出没，对其他鱼类进行猛烈袭击。性情温顺的幼鱼常成群生活，成鱼则单独栖息。狗鱼的洄游很有规律，春季解冻后，狗鱼游向上游河口沿岸区域，然后进入小河口、泡沼产卵，一旦产卵结束，就分散肥育。冬季来临后，狗鱼进入大河深水处越冬。狗鱼的食量很大，冬季仍会继续强烈索食，生殖后食欲更加旺盛。狗鱼通常在清晨或傍晚捕食，其他时间会静止休息，并慢慢地消化所吃掉的食物。狗鱼捕食时狡诈多端。每当看到小动物游过来时，狗鱼就会要耍花招。它摆动肥厚的尾鳍使劲将水搅浑，使小动物看不到自己，它一动不动地窥视着游过来的小动物，当小动物离自己很近时，狗鱼就会突然一口咬住它，很快就会把小动物吃掉一大半，剩余的部分则挂在牙齿上，留着下次再吃。

锯齿鲑嗜杀成性

锯齿鲑栖息在南美的一些河流中，被当地人称为"水中恶魔"。因为它特别凶猛，西班牙人把它叫做"皮拉纳鱼"；因为它牙齿锋利，印第安人就把它称为"皮拉尼亚"；又因为它凶猛如虎，还有人叫它"虎鱼"。

锯齿鲑个头不大，体长只有10多厘米。体型扁形，背部呈深褐色，腹部呈银白色，还夹杂着许多黑色斑点。锯齿鲑头大背高，下颌比较突出，长着三棱形的尖齿。锯齿鲑喜欢成群结队地游弋、觅食。

锯齿鲑在亚马逊河最为常见。1914年，曾发生了一件奇闻。巴西有位村民骑着骡子经过一座窄桥，骡子突然失足，连带村民一起落入水中。水中的锯齿鲑蜂拥而至，不过半个小时，人和骡子就被啃食殆尽。

动物·小·知识

平常，锯齿鲑成群地潜伏在河底，但是，只要一感觉到有战利品可以得到，马上就会出现在河面上。只要把几小块肉投入水中，或者只用几滴血，甚至只用普通的红色破布，就可以招引来许多的锯齿鲑。

还有人曾经目睹过锯齿鲑吞食熊马的惨景：成群的锯齿鲑把一匹高大的雄马团团围住，熊马挣扎着逃到岸上，但是它的下半身已被锯齿鲑啃得露出了骨头，最终没能脱离死亡的结局。

在有锯齿鲑出没的河流，已被列为人兽涉水渡河的禁区。为了把牛群赶

过河去，当地人别出心裁地想出了一个办法：将一头老病牛砍上几刀，然后把它赶入水中，锯齿鲑闻到血腥味就会飞速赶来，围着老病牛狼吞虎咽。趁此机会，人们会赶着牛群抢渡过河。

锯齿鲑之所以这么厉害，完全是因为它有坚硬的头骨，特别是颚骨更为坚硬。锯齿鲑上下颚有着惊人的咬合力，能够把钢制的钓鱼钩一口咬断，别的鱼类当然不是它的对手。即使水中霸王鳄鱼遇到了锯齿鲑，也会吓得缩成一团。

然而，锯齿鲑虽然嗜杀成性，但对自己的后代却非常慈爱。雌性锯齿鲑在水草中产卵后，雄性锯齿鲑就会在鱼卵周围游来游去。当小鱼孵化出来后，雌雄锯齿鲑仍会守候在旁边，保护自己的孩子。直到小锯齿鲑学会了游泳，掌握了御敌本领后，雌雄锯齿鲑才会依依不舍地离去。

第二章

动物的避敌手段

　　避敌是动物的一种本能。根据动物学家的考察研究，动物对外在环境危险时所产生的生理反应与人类有许多共同之处，而且动物也有爱恨交织的情绪和喜、怒、哀、乐的表情。不同种类的动物，有着不同的避敌方法。在弱肉强食的天地里，动物必须具有逃避或反击敌害的能力，必要时拿出绝招，并通过各种行为方式表现出来，才能幸免于难。

东方环颈鸻"拟伤"护子

在自然界中，有的鸟对自己生下的蛋和孵化的雏鸟完全不理不睬，有的鸟则会为了自己的孩子奋不顾身。它们常常会假装受伤，为的就是从外敌手中救出孩子。

其中，可以作为"父母典范"来介绍的，就是东方环颈鸻。东方环颈鸻体长17厘米左右，在鸻类里，它们是体型最小的一种。除了北极圈，在欧亚大陆几乎都能见到它们的踪迹。

东方环颈鸻的腹侧呈白色，背上及背侧均呈褐色，从喙到眼后生有黑色线，在颈部也有相同的色带，好像戴了项链一般，看上去非常漂亮。

东方环颈鸻常在河流的中下游有很多小石子的河岸处筑巢、产卵，在海岸沙丘和旱田等地也能见到它们的窝巢。东方环颈鸻的巢是用枯草和小石子做成的，看上去很粗糙。在找不到筑巢材料时，它们有时也会直接在地面上挖一个浅坑凑合。看到这样的窝，怎么也感受不到它们对将要出生的孩子的关心。而事实上，它们的巢是经过精心设计筑成的，能巧妙地与周围的环境融为一体。乍一看似乎很不舒服，但实际上巢的排水和对卵的保护等条件都非常完善，而且很难被敌人发现。

东方环颈鸻在筑巢时更注重巢的质量，而不是外观。它们筑造的是一个最适合自己孩子居住的窝。而且，它们有着惊人的技术，为了巢与所在的环境相融合而费尽功夫。例如，在小石子儿多的地方，它们的建材则以小石子儿为主，如果是在石头稍大一点的地方筑巢，那么它们的建材就会选那些稍大一点的石头。

东方环颈鸻夫妇会在窝里产下3~4个蛋。然后由它们夫妇不分昼夜地轮流孵化。这样大约25天后，小鸟就会破壳而出。几个小时以后，它们就能摇摇晃晃地在地上行走。

 动物·小·知识

令人不可思议的是，东方环颈鸻父母不会给自己刚出生的孩子喂食，所以，它们的孩子要学会自己觅食。不过，这并不表示它们对孩子缺乏照顾或者缺少爱。

就像前面提到的，当敌人接近时，父母就会假装受伤来救孩子，这便是东方环颈鸻的"拟伤"行为。那么，什么是"拟伤"呢？东方环颈鸻的敌人主要是人类，还有蛇、猫、狗、黄鼠狼等，鹰、鸢等肉食性鸟类也是它们的强敌。当这些敌人靠近时，父母就会飞到敌人眼前，然后装成受伤的样子，

在地上一蹦一跳的，以引开敌人的视线，并且它们还会张开翅膀，作出痛苦挣扎的样子。当敌人想要捕捉它们时，它们就会相应地逃开一点距离，然后，再次作出痛苦挣扎的样子。亲鸟就是这样来吸引敌人追赶自己的。它们向着与孩子所在地相反的方向逃跑，当把敌人引到足够远的地方时，它们就会突然跃起，以逃脱敌人的追捕，这便是"拟伤"行为。

东方环颈鸻在保护幼鸟或蛋时，常需要把自己毫无防备的样子暴露给敌人，只要走错一步，它们自己就会变成敌人的口中之物。所以，说它们是舍身救子毫不为过。而幼鸟在临近危险时会让自己的身体紧贴地面，这样，它们就完全融入了周围的环境中，就像一块石头摆在那里，是非常安全的。

东方环颈鸻的幼鸟们跟着父母，边走边长大。1个月以后，它们就能在天空中自由地飞翔了，而这时，它们也成年了。虽然东方环颈鸻非常疼爱自己的孩子，愿意为了孩子舍弃自己的生命，但它们的孩子中能长成成鸟的却非常少，仅有一两成。当幼鸟长到具有飞翔能力时，又会因为无法顺利找到食物，或是落入敌人口中而夭折。还有一些客观的环境方面的原因，比如大自然有时也会给它们非常残酷的打击。在梅雨时节，河流涨水，好不容易精心守护下来的蛋或幼鸟，会被洪水淹没。这个数量，比丧命在敌人手里的要多得多。而这时，东方环颈鸻是无能为力的。

雉鸡独特的逃命方式

　　游隼和雨燕都是飞行者中的佼佼者，因为它们都有完美的飞行体型。但是你也许想象不到身体沉重的雉鸡也有它飞翔的独到之处。

　　雄性雉鸡羽色鲜艳，它的头顶呈浅褐色，带有绿色的金属光泽，颈部墨绿，有绿色的金属光泽，脖子的下面有一道白圈，宛如白色的衣领，所以雉鸡又称环颈雉。胸前的羽毛呈红铜色，闪闪发光，并有美丽的黑色斑点，橄榄黄色的尾羽，着有黑色横纹，可长达40~60厘米。如此美丽的羽色在野外十分惹人注目，尤其到了繁殖季节，雄鸡换上了崭新的羽衣，眼周和面颊的皮裸露涨大，呈鲜红色，并且时常昂首阔步巡视自己的领域。

雉鸡的体重可以达到1~3千克，翅膀宽、短而圆，要想飞起来可不是件容易的事，它又是如何逃脱天敌的捕食呢？它们常常在河边沟谷繁茂的苇塘边活动，或者在农田与灌丛、密林相接的地带出没。一旦遇到天敌就马上钻入密草丛或灌丛中躲避起来，本来鲜艳的羽色一躲进斑驳的植物中就成了很好的保护色。

 动物·小·知识

　　雉鸡善于奔跑，特别是在灌丛中奔走极快，也善于藏匿。见人后一般在地上疾速奔跑，很快进入附近丛林或灌丛，有时奔跑一阵还停下来看看再走。在迫不得已时才起飞，边飞边发出"咯咯咯"的叫声和两翅"扑扑扑"的鼓动声。

　　单单这样躲起来还不行。灵猫、狐、黄鼠狼等仍给雉鸡带来很大威胁。这些哺食者都有很好的嗅觉，可以很容易地嗅出雉鸡藏身的位置。当灵猫等动物悄然接近时，雉鸡天才的飞行本领马上就显露了出来。它的动作非常敏捷，快速地搧动翅膀，迅速起飞。雉鸡的飞翔肌肉非常发达，翅膀搧动起来非常有力，常常能从地面草丛里直线起飞，要知道很少有其他种鸟有这么大的力气能够使如此重的身体快速地飞起来。雉鸡飞起后先快速地搧几下翅膀，然后就伸展双翅，滑出很远的一段距离，长长的尾巴是非常好的舵，可以控制飞行的方向。

　　雌性的雉鸡没有雄性那么鲜艳的羽色，很难被天敌发现。在繁殖季节，雌雉每天都隐藏于草丛中，在那里既不容易被天敌发现，又有充足的食物。当冬天来临，许多只雉鸡就集合成一个群体，容易发现天敌，雉鸡被天敌吃掉的机会也减少了。

　　雉鸡适应能力很强，全国各地几乎都有分布，亚洲的雉鸡被引种到欧洲和北美洲以后，在那些地方繁衍生息。

斑马天生的条纹服

斑马身体上长有的黑白条纹是一种"护身符"。这些条纹在阳光或月光的照射下，由于吸收和反射的光线不同，斑马的身体轮廓就会逐渐变得模糊起来，远远望去，人们很难把它与周围的环境分辨开，它就很难被猛兽发现了。猛兽狮子常在黄昏或黎明时狩猎。斑马一旦被狮子发现，它身上的条纹就会使狮子难以判断自己与斑马之间的距离。如果斑马正在奔跑，狮子就更不容易准确判断斑马的位置。

斑马的斑纹还有助于它抵御采采蝇的叮咬。采采蝇是非洲一种有害昆虫，能够传播昏睡病，马、羚羊和其他草原动物经常受到它的叮咬。奇怪的是，

斑马很少受到它们的骚扰。为了揭开其中的奥秘，几位动物学家在津巴布韦做了一个十分有趣的实验：几只大铁桶分别被涂上黑色、白色、黑白相间的条纹，然后把铁桶接通电流，藏在灌木丛中。过了几天后，动物学家发现，在涂着黑白条纹的铁桶上，触电而死的采采蝇很少。原来，斑马体上明显的黑白条纹，使采采蝇眼花缭乱而不敢靠近。

动物·小知识

有人曾探讨斑马到底是长着黑条纹的白马还是长着白条纹的黑马，这个问题一直讨论不清，因为人们往往把颜色最多的部分作为底色，而斑马的黑白条纹面积不相上下，最后终于得出了答案，科学家把斑马的毛全部剃掉，发现剃掉后的皮是黑色的，得出斑马是长着白条纹的黑马。

斑马身体上明显的斑纹是在漫长的自然选择中逐渐形成的。那些条纹不太明显的斑马，很容易暴露目标，因此就成了猛兽的腹中之物。而长有明显条纹的斑马，由于对周围环境的适应，最终得以生存。

那么，斑马的斑纹又是如何形成的呢？生物学家在斑马的胚胎发育中找到了最初的答案。经过研究发现，所有的斑马刚开始都长有相同的条纹，雌斑马怀孕早期，这种条纹就已经在胚胎中出现了。随着胚胎的发育，斑马身体各部分伸展的程度就不相同，生下来的小斑马身上的条纹自然就会宽窄不一。

马的高度警惕

世界上的各种动物都有自己的生活习性。马的四肢非常健壮，善于奔跑。但是马有着与其他动物不同的特性，它在夜里是站着睡觉的。

5000多年前，马就开始被驯养成家畜。马继承了野马的生活习性，站着睡觉。野马喜欢在一望无际的沙漠草原地区生活。在远古时期，野马既是人类的狩猎对象，又是食肉动物豺、狼等的美味佳肴。它与敌害进行斗争时，不像牛、羊那样可以用角，它唯一避敌的办法是奔跑。而豺、狼都是夜行动物，它们白天喜欢隐蔽在灌木丛或岩洞中休息，夜里出来捕食。野马为了快

速逃离敌害，夜间，它们不敢高枕无忧地卧地而睡。即使是在白天，野马也保持着高度警觉，它们只好站着打盹，以防不测。家马不像野马那样容易受到天敌的伤害，但它们也是由野马驯化而来的，站着打盹睡觉的习性被保留了下来。

动物·小·知识

马的听觉是非常发达的，是信息感知能力很强的器官，这是在长期进化过程中形成的。听觉发达是对马视觉欠佳的一种生理补偿，这对在原始状态上马的生存是非常必要的。因为马在自然界中生存的关键问题就是躲避猎食动物的袭击，而马躲避猎食动物袭击的本领就是逃跑和有限的反击。

如果马感觉不到什么危险，它就会把头搭在背上睡。马习惯了群体生活，即使和母马生活在一起的小马，头也是搭在背上睡觉的，这是马安心入睡的姿势。

马被驯化成家畜以后，生存环境发生了很大改变，再也用不着担心受到伤害，野生的习性也逐渐丧失，个体之间出现了很大差别，也有的马躺倒在地伸着脖子和腿入睡，还有的马打着呼噜。但是多数马还保持着头搭在背上睡觉的姿势。

角马的偷梁换柱

有一种相貌古怪奇特的兽类，生活在非洲的塞仑盖特大草原上。它们看上去很像马，但与马不同的是，它们的头上还长着一对类似水牛角一样弯弯的犄角，额部和颈部还密生着鬣毛。因此，根据它们的长相，人们为其取名为"角马"。

角马是一种大型羚羊，它不是人们想到的马或牛。角马喜欢过群体生活，每个角马群常常有几万头、几十万头甚至上百万头聚集在一起，组成的"大军"浩浩荡荡，在大草原上奔跑迁徙。

许多垂涎欲滴的食肉动物，如狮子、猎豹和鬣狗常常紧紧地追随在角马的后面，伺机将那些老、弱、病、残和掉队的角马吃掉。角马群中那些怀孕待产的雌角马，因为在生产的时候常常离群，极容易受到食肉野兽们的袭击。为了保护自己和后代，雌角马经常采用周旋战术与敌人进行斗争。

在角马的敌人中，鬣狗是最危险的。雌角马发现，鬣狗一般上午躲在土洞里睡觉，于是便把分娩的时间选在了上午。为了避免自己由于势单力薄被敌人伤害，雌角马还会进行集体行动，一块分娩。虽然雌角马能在十几分钟内就生产完，但是3天之后，小角马就会跟随母亲快速奔跑。这3天时间，关系着角马母子的性命。在这几天里，如果角马母子遇到鬣狗的突然袭击，角马妈妈就会在这紧急关头把产后还一直留存在体内的胎盘快速排出。当鬣狗争食胎盘时，一时就顾不上攻击小角马，角马妈妈就会带着小角马迅速逃走。这就是雌角马经常使用的"掉包计"，这种计策往往能在关键时刻帮助角马母子脱险。

斑羚的自我牺牲

　　我国和亚洲东部、南部等地，广泛分布着斑羚。斑羚属于高山动物，常待在孤峰悬崖之上。斑羚善于跳跃和攀登，它们在悬崖绝壁和深山幽谷之间，就像走平地一样，也能纵身跳下10米余深的深涧而平安无事。但是，斑羚虽长着4条长腿，肌肉发达，善于跳跃，但也有一定的限制。在水平方向，一般健壮的雄兽最多可以跳出5米多远，而雌兽、幼仔和老年斑羚只能跳出4米远。

　　斑羚群在遇到敌害时能表现出出奇的冷静，特别是被敌害逼迫到超过6米宽的山涧前时。随着斑羚"头领"的一声大吼，整个斑羚群体很快就会分成两群，老年斑羚为一群，年轻斑羚为一群。在老年斑羚队伍里，既有雄兽，

也有雌兽；在年轻斑羚队伍里，年龄则参差不齐，既有刚刚成年的雄兽和雌兽，也有稚气未脱的幼兽，还有一些身强力壮的中年斑羚，但其中的一些中年斑羚也会加入到老年斑羚的队伍中，从而保持两个斑羚群体数量的大体均衡。

动物·小·知识

斑羚的视觉、听觉极为灵敏，叫声似羊。受惊时常摇动两耳，以蹄跺地，发出"嘭，嘭"的响声，嘴里还发出尖锐的"嘘，嘘"声。如果危险临近，则会迅速飞奔而逃。斑羚以各种青草和灌木的嫩枝叶、果实以及苔藓等为食。

然后，就会有一只雄兽从老年斑羚队伍里走出来，朝着那群年轻斑羚鸣叫了一声，一只年轻斑羚就应声而出，这两只斑羚走到悬崖边，后退几步，年轻的斑羚突然朝前飞奔起来，与此同时，老年斑羚扬蹄快速助跑。年轻斑羚跑到悬崖边缘，猛然纵身一跃，朝山涧对面跳去；紧跟在年轻斑羚后面的老年斑羚，头一钩，也迅速从悬崖上蹿跃出去。这一老一少两只斑羚跳跃的时间稍分先后，跳跃的幅度也有少许差异，年轻斑羚跳跃的角度偏高一些，老年斑羚跳跃的角度偏低一些。老年斑羚跳跃技巧娴熟，在年轻斑羚从高处往下降落的瞬间，老年斑羚的身体出现在年轻大斑羚的蹄下。老年斑羚比年轻斑羚的跳跃能力显然要略胜一筹，当老年斑羚出现在年轻斑羚蹄下时，刚好就在跳跃弧线的最高点，年轻斑羚的4只蹄子猛蹬在老年斑羚宽阔结实的背上，就像踏在了一块跳板上，在空中再度起跳，下坠的身体竟然奇迹般地再度腾空，而老年斑羚突然笔直地坠落下去。年轻斑羚的第二次跳跃力度虽然远不及第一次，高度也只能达到地面跳跃的一半，但足可以跨越剩下的2米路程。只是在一瞬间，年轻斑羚就轻巧地落在了对面的山峰上，它兴奋地鸣叫一声，钻到磐石后面就不见了踪影。

这次试跳取得成功后，紧接着，一对对斑羚就凌空跃起，在山涧上空画

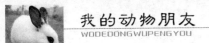

出一道道优美的弧线，每一只年轻斑羚的成功飞渡，都有一只老年斑羚为此付出沉重的生命代价，摔得粉身碎骨。

斑羚秩序井然，快速飞渡，它们没有拥挤，没有争夺。那群为了飞渡成功献出生命的老年斑羚，从飞渡开始到结束，没有一只投机取巧，为自己调换位置。在种群灭绝的关键时刻，斑羚竟然能牺牲一部分个体以赢得种群的生存机会，这凄美、壮烈的一幕，表现了斑羚种群强烈的求生欲望和高尚的利他行为。这无疑是自然界中一曲生离死别、惊天动地的千古绝唱。

狒狒团结抗敌

　　狒狒是最大型的猴子，生活在非洲，体重达54千克，体长超过90厘米。狒狒成群生活，每群有20～60只。每一个狒狒群里，都有一个"狒王"。"狒王"为雄性，年龄较大，身强力壮，经验丰富。

　　狒狒过着有规律的生活。晚上，狒狒睡在树林里，早上7点左右就起来，然后一起去寻找食物。当狒狒遇上敌人时，它们会利用石头作武器，把石块投向对方。

　　狒狒寻找水源的路线很固定。其实，这样是很危险的。因为那些狡猾的狮子和蟒蛇往往会在水源处"恭候"着它们的到来。因此，对于狒狒来说，

每一次取水都是一次计划周密的战斗行动。狒狒群中，最强壮、最勇敢的雄狒狒担任"开路先锋"，其余的狒狒则躲藏在离水源不远的树上。如果有狮子扑过来，打先锋的狒狒就同狮子进行顽强的搏斗，树上的狒狒会一起大吼助威，并向狮子投掷石头和果实。在强烈抗敌的狒狒群面前，狮子往往会狼狈而逃。

狒狒有时会吃小羚羊，但通常吃更小的动物，例如蝎子。狒狒也喜欢吃蔬菜和水果，因此常常损害农作物。

狒狒的头很大，幼狒狒生下来时鼻子并不是很长，但随着身体的成长，会逐渐变得细长而突出。它们的脸看起来很像狗脸，脸上光滑无毛。雌狒狒的吻部较短，雄狒狒吻部较长。大部分狒狒的体色是浅灰褐色，但也有一部分狒狒的体色呈红色和棕色。

狡兔三窟以避敌

　　兔子没有锐利的爪子和长长的獠牙，它全靠自己的机警和善跑来保护自己。兔子的奔跑方式是跳跃式的，它可以一下子跃出3~5米，时速达50~60千米。它长着又长又大的耳朵，能够向四面转动，听觉异常灵敏，一有风吹草动，它就会躲起来。它的嗅觉，能同警犬媲美。同样，灵敏的嗅觉可以判断周围有无别的动物。兔子在逃跑时，总是一边跑一边向后看，根据追敌相距自己的远近，决定奔跑的速度，以免浪费自己的体力。当它遇强敌追捕时，就会急中生智，突然止步并向旁边一闪，以此甩掉敌人。兔子的洞穴，除了

"前门"，还有几个"后门"，如果"前门"被堵住，兔子就会从"后门"溜走。

动物小·知识

当兔子尽量把身体压低，耳朵紧贴后背是代表它很紧张害怕，觉得有危险接近。在野外，当兔子觉得有危险接近，它们会尝试压低身子，避免被看到。

兔子的眼睛和人类不同。人类的眼睛是位于正前方，而兔子的眼睛位于两侧上方。由于人类和兔子的先祖有着不同的生活习性与生活方式，因此眼睛的构造也各不相同。人类的先祖，需要良好的视觉和分辨色彩的能力，这样才能爬树采果实和分辨果实的色彩。而兔子属于草食性动物，不需要爬树采果实。兔子需要的视力范围要广大，远视能力强，这才能避开四周猛兽的袭击。兔子的视力范围差不多可以达到360°，因此即使在后方发生的事，兔子也可以看见。兔子的视力可以达到很远，人类肉眼看不见的东西，它们也能看到。

兔子虽然拥有很广的视力范围，但是兔子的视力真是不太好。特别在辨认颜色时，兔子更是色盲，只能够分辨出有限的颜色。而兔子看到的影像则是模糊的。兔子远视能力非常好，不过对于近距离的东西，兔子是看不到或看不清楚的。平面的影像，兔子可以看到。兔子对距离的感觉也不太好。在暗光下，兔子看东西最为清楚，而在有光的情况下，兔子则看得不是那么清楚。关于兔子视力的许多问题，至今仍是个谜。如：当兔子把头移向一边，就是为了看清楚某件东西时，它的另一只眼睛也应该能看见完全不同的东西，两者是如何协调的呢？

防御高手犰狳

犰狳的模样可笑而奇特，如果你第一次见到它，一定会被它所吸引。因为它看起来就像一个全身披挂坚甲护身的"古代武士"，所以又有人称它为"铠鼠"。

犰狳身上长有很多鳞片，每个鳞片由许多细小的骨片构成，每个骨片上还长有一层角质的鳞甲，这就是它抵御敌人的防护壳。犰狳能够凭借自己坚硬的骨甲，蜷紧身体，形成一个球形的铁甲团，这时，即使是大型食肉兽，也休想伤害它一根毫毛。犰狳可以说是一个齿咬不破、拳打不疼、脚踢不坏的家伙。

动物学家研究发现，在哺乳动物中，犰狳具备最完善的自然防御能力。犰狳的防御手段可简单概括为："一逃、二堵、三伪装"。

犰狳拥有惊人的逃跑速度。它具备的灵敏的嗅觉和视觉，使它能在处于危险中时，能迅速地把自己的身体隐藏到沙土里。别看犰狳的腿短，掘土挖洞的本领却很高强。关于犰狳的打洞本领，曾有过这样的描述：犰狳的打洞速度非常快，你骑在马上还看见它，但就在下马的一瞬间，它就已经钻到土里去了。

动物小知识

犰狳最大的天敌是人和车辆。它天生近视，又有上公路觅食死亡猎物的习性，所以它常常会出现在公路上。犰狳所具有的"自然惊吓反应"使情况变得更糟。一受到惊吓，犰狳便向上跳跃，恰恰就撞在途经车辆的下部。

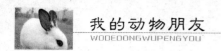
犰狳在逃入土洞以后，会用尾部盾甲把洞口紧紧堵住，就像一个"挡箭牌"一样，这样敌害就没有办法伤害它。

犰狳还善于"伪装"。它的全身会蜷缩成球形，身体被周围的"铁甲"所包围，敌害想咬它也无从下口。

在南美洲和中美洲，犰狳是特有的珍稀动物，它喜欢在树林、草原和沙漠地带栖息。动物学家根据它的鳞片环带数量，把犰狳这个庞大的动物家族分成了3类：三绊犰狳、六绊犰狳、九绊犰狳。另外，还有一种王犰狳（又称大犰狳），其体长可达90厘米，尾长有50厘米，有半只猪那么大，是最大的犰狳。

所有的犰狳都是地栖生活，属夜行性动物。它们喜欢吃的食物很杂，多以甲虫、蠕虫、白蚁、黑蚁、蝗虫、小蜥蜴、鸟蛋和蛇类等为食。更为有趣的是，犰狳特别喜欢吃腐烂的动物尸体，如果草原上哪里有死牛、死马及其他动物腐烂的尸体，那里就一定有犰狳在打洞，犰狳可以轻易地在那里获得这些食物。

用尖刺御敌的刺猬

　　刺猬背上的毛皮与众不同，它们的皮毛是无数坚硬的刺。这些硬刺能依靠肌肉的收缩像钢针一样直竖起来。把刺猬武装得严严实实，看起来活像一个个小"刺球"。刺猬满身的硬刺是它们保护自己的武器。当刺猬遇到危险，它们就把头埋在胸前，身体缩成一团，包住四条腿，全身的刺都直立起来，让敌人无从下口。

　　除了身上长满硬刺外，刺猬的另一个特点就是嗅觉非常发达。它们最喜欢吃的食物是蚂蚁和白蚁，但是这两种动物总是躲在阴暗的洞穴里。为了找它们，刺猬会用鼻子在地面上不停地嗅。一旦闻到它们的味道，刺猬便用爪子挖开洞口，然后将长而黏的舌头伸进洞内转动。这样，一顿丰富的美食就

进口了。

当刺猬遭遇狡猾的狐狸时，它的硬刺就不管用了。因为狐狸能把嘴使劲插进刺猬柔软的肚子，然后把它们扔向天空。当刺猬摔下来时，就失去了自卫能力，狐狸便会趁机向它们下毒手。

刺猬属于冬眠动物。在漫长的冬天，它们用睡觉来抵御寒冷。它们躺在枯枝落叶下面的洞里冬眠，甚至连呼吸都会停止。这时候就是把它们扔进水里，它们也不会醒过来。冬眠中的刺猬会偶尔醒来，但不吃东西，很快又会入睡。冬眠的刺猬如果过早醒来，就会被活活饿死。

睡鼠巧妙的金蝉脱壳

在英国境内，睡鼠是最小最害羞的哺乳动物，它的尾巴与身体差不多。寿命一般是5年。睡鼠的一生3/4的时间都在睡觉，春季、深秋以及冬季约9个月的时间，睡鼠都在冬眠。即使不在冬眠的夏季，睡鼠也是终日呼呼大睡，只有到了夜间，睡鼠才会出来活动。它们在有刺的树枝上跳来跳去，寻觅自己喜欢的浆果。

贪睡是睡鼠的习性。睡鼠随时都会打盹，即使在环境嘈杂纷乱的场所，它也能照睡不误。睡鼠的冬眠期很长。有一种欧洲的睡鼠，长达1年的时间内竟有7个月在冬眠。睡鼠冬眠时不吃也不动，呼吸几乎停止，身体很僵硬，外界出现的任何声音都不能吵醒它们。睡鼠个头很小，长得很像松鼠，重30~100克，它的四肢很短，身后还拖着一条多毛的长尾巴，趾爪弯曲，利于攀援爬树。睡鼠喜欢生活在树林、灌木丛等地方，以干果、种子为食。每年的夏季是睡鼠的繁育期。

动物·小·知识

夏日的夜间，睡鼠会到处活动。但当进入秋天以后，它们就会在地上用树叶、杂草营造一个窝。它们常常把窝隐蔽在盘根错节的树根之间或灌木丛里。在那里，睡鼠会花掉一年中的大部分时间来睡眠，睡姿常常是将全身卷成一个小圆球。

睡鼠也有天敌。它们经常会被一种野兽追捕，这种野兽看起来很像山猫。

虽然睡鼠善于爬树，但是它的天敌也是爬树的能手，而且当它们见到睡鼠时，就会穷追不舍。睡鼠遇到如此凶悍的敌人，看起来好像在劫难逃了，然而，就在天敌咬住睡鼠尾巴的时候，奇迹突然发生了：睡鼠尾巴上的皮整个脱落了下来，留在了敌人的嘴里，然后，睡鼠就拖着已经没有了皮毛的尾巴迅速溜走。当敌人正在为捕捉到"猎物"欣喜若狂时，它哪能想到自己是中了睡鼠的计策，当它们醒悟过来时，早已为时已晚。"金蝉脱壳"之计是睡鼠的保命绝招，但是睡鼠终生只能使用一次，因为睡鼠的尾皮脱落后就不能重新长出来了。那裸露的尾巴就会逐渐萎缩，最后睡鼠就会啃掉它。然后，睡鼠的尾根处就会长出一簇长毛。人们如果看到这样的睡鼠，就能够断定它们曾经经历过九死一生。除了睡鼠以外，黄鼠、山鼠也具有这一奇特的本领。

变色龙的变色绝技

科学家们认为，变色龙变换体色不仅仅是为了伪装，它还有另外一个重要的作用，那就是在同类之间进行信息交流，这就好比人类的语言，有助于和同伴沟通。变色龙变换体色的特性，完全印证了达尔文"物竞天择"的自然进化论。

变色龙栖息在树木及低矮的灌木丛中，有时也会居住在低矮的叶子下面，借助杂乱的叶子来隐藏自己。变色龙不喜欢主动出击，它们会不断改变自己的体色与周围的环境保持一致，然后待在原地一动不动地等待猎物的到来，有时一等就是好几个小时。由于变色龙的防御措施与体色的变换有着密切的关系，当入侵者来袭时，它们就没有办法与之对抗。因此，变

色龙最有效的防御措施就是伪装，快速变换体色与树枝或树叶融为一体，这样常会化险为夷。

动物·小·知识

变色龙的学名叫避役，"役"在我国文字中的意思是"需要出力的事"，而避役的意思就是说，可以不出力就能吃到食物，所以命名为避役。

据动物学家研究，变色龙在一个昼夜的时间段里，能改变体色6~7次，当太阳西下，夜幕降临时，它们的身体呈现褐红色，可与灿烂的晚霞相媲美；夜深人静时，它们的身体又会呈现黄白肤色；东方发白时，它们又会以深绿色的面貌出现；红日升出地平线时，它们就会披上橘红色的衣裳；日当正午，烈日当头时，它们又会披一身黄红色的衣服，静静伏在树枝上晒太阳。真是太神奇了！

为什么变色龙会随着周围环境的变化而改变体色呢？原来，它们的皮肤组织内埋藏着7种色素细胞。这些色素细胞能随着环境、温度的改变以及光线的强弱而变化，所以它们对环境有较强的适应性。

科学家们的最新研究成果表明，变色龙变换肤色并不纯粹是为了隐藏自己，而是其身体对光和周围温度的一种反应。若将一片蕨叶放在变色龙身上，它的皮肤上就会留下一个蕨叶的图案。

实蝇高明的模拟

实蝇是实蝇科昆虫的统称，种类较多，成虫为小型或中型的蝇，身上有黄、橙、褐、黑等色组成的斑纹。与一般蝇类不同的是，实蝇的翅膀上不仅有暗色斑纹，而且在休息和爬行时，翅膀伸展，不断地上下或前后扇动，令人费解。

长期以来，人们一直认为实蝇的翅膀斑纹和翅膀扇动行为，仅仅是为了求偶，使自己容易被异性发觉，不会"张冠李戴"，而没有别的意义。

美国昆虫学家在观察实蝇的行为中发现，一些种类的实蝇为了逃避敌害，模拟它们的敌害之一跳蛛的行为（跳蛛是一种蜘蛛）。

研究人员对此进行了实验。把一只翅膀斑纹类似跳蛛腿上条纹，并且腹部有假眼点的实蝇，放在跳蛛的食物上。当实蝇受到跳蛛扰乱时，它的翅膀扇动得格外厉害。这一动作，看上去很像跳蛛同其他蜘蛛争夺地盘时的行为。实蝇也能模拟侵略性跳蛛的"高度懒散"的步态，作出左右摇摆的舞蹈姿势，从而欺骗了视力不佳的跳蛛，使它误认为实蝇是侵入地盘的对手，不会把它当做猎物来吃掉。虽然以前人们已经注意到，跳蛛的行为同实蝇的动作之间有相似性，但这个实验首次证实了这种相似性可以保护实蝇免受跳蛛之害。

另一些研究人员也观察到了实蝇的模拟行为。他们发现，在光亮的圆形屋顶下，一些白浆果实蝇的行为举止很像那些饥饿的斑马纹跳蛛的行为。他们还发现，斑马纹跳蛛逃离模拟跳蛛姿势的白浆果实蝇的比例，同逃离其他跳蛛的相同；斑马纹跳蛛袭击家蝇（翅膀上既无类似跳蛛的斑纹，又无跳蛛状的动作）的次数，比袭击白浆果实蝇要多得多。研究人员还发现，白浆果实蝇即使翅膀上没有类似斑马纹跳蛛的斑纹，只要模拟斑马纹跳蛛的动作姿势，也具有一定的保护作用。研究人员把白浆果实蝇翅膀上的斑纹涂黑，结果发现斑马纹跳蛛逃离这些实蝇的比例下降。这说明，跳蛛状的斑纹和跳蛛状的动作，对实蝇来说都具有保护作用。

许多事实虽然已经证明，实蝇的特殊拟态能够欺骗跳蛛，使自己生存下来。但是也有少数科学家提出异议，认为这一结论似乎下得稍早。他们的理由主要有两点：第一，跳蛛是不结网的游猎性蜘蛛，它们的视觉虽然不好，但是嗅觉非常灵敏，如果它们爱吃实蝇，完全可以凭嗅觉猎取，因而不袭击实蝇可能是跳蛛不吃或不爱吃实蝇的缘故，而不是实蝇的拟态作用；第二，在不少其他实验中，确实也只有个别或少数跳蛛去袭击实蝇，这也说明了跳蛛不爱吃实蝇。

到底是实蝇的拟态欺骗了跳蛛，还是跳蛛不爱吃实蝇？这一扑朔迷离的问题还有待人们进一步去探索研究。

金龟子装死逃生

  金龟子应该算是大家比较感兴趣的一类昆虫了，它给很多人的童年带来了乐趣，不少人还曾经把它们捉来放在玻璃瓶里饲养。不过，可能你还不知道，金龟子其实不是单指哪一种昆虫，而是金龟子科昆虫的总称，也叫油炸豆或瞎了碰，全世界约有3万种。不同的种类生活在不同的环境里，沙漠、农地、森林和草地等，都是它们的家。

  虽然金龟子是一个大家族，成员也各有各的特点，但它们在长相和习性方面却相差不大。它们一般都呈椭圆形，体壳坚硬，表面光滑，多有金属光泽，雄性比雌性大。大多在夜间活动，有趋光性。

  如果你曾经仔细观察过它们，就会发现它们有很多有趣的地方。有些种

类的金龟子常常会静静地待在树上，只要我们轻轻一碰树叶，它就立刻掉到地上，一动不动，跟死了一样。不太了解它们的人会以为这是它们无法抓紧树叶而掉了下来，其实这是它在故意装死，想要逃过人们的捕捉。不过，人们却恰恰利用它的这个特性，轻而易举地捉到它们。在它不幸被捉到后，就成了人们的玩具。人们通常找一根棉线系在它的脖子上，然后牵着绳子的另一头，任由它到处乱飞。由于它飞得很慢，牵着的人可以很自由地变换方向，只要一拽绳头，它就会立刻转一个方向继续飞。

金龟子的装死方法虽然很难让人们上当受骗，但是如果用来对付其他天敌，却是绰绰有余。当金龟子遇到敌害，无法逃生时，它就会急中生智，六脚朝天装死；不爱吃死虫的敌害对它们便毫无胃口，这样它们就能成功地躲过敌人的追杀。

金龟子的这种装死技巧，不仅让它死里逃生，免于成为天敌的美餐，还触动了一个伟大的作家。

奥地利著名作家弗·卡夫卡，因未收到女友的信函，心情变得焦躁不安，写作也不能继续下去了，便只好躺在凉椅上，静待心情的好转。不久，他就发现离他一步之远处有一只金龟子摔了个底朝天，绝望地挣扎着，翻不过身来。但是，卡夫卡懒得帮忙，就那么静静地观察着。这时，突然出现了一只壁虎，走向了金龟子。金龟子立马开始装死，一动不动。当壁虎从它身边擦过去时，带着它翻了个身，它还是先一动不动地趴了一会儿，然后迅速爬墙逃之夭夭了。卡夫卡好像突然就从中汲取到了勇气，于是站起来喝了杯牛奶，然后开始给女友密伦娜写信。在信中他提到这只装死的金龟子带给他精神上的震动并由此而引发了他创作上的灵感。

金龟子虽然聪明可爱，但是它们终究是一种害虫。它们在夏季交配产卵，卵多产在树根旁的土壤中。金龟子的幼虫就是我们所说的"蛴螬"，生活在土中，全身乳白色，背上长了很多皱纹，尾部还有刺毛，常常弯曲成马蹄形。以啮食植物根和块茎或幼苗等地下部分为生，是主要的地下害虫。老熟幼虫在地下作茧化蛹，成熟后的金龟子经常在傍晚到晚上十点开始疯狂咬食叶片，把叶片都咬成网状孔洞，严重时就只剩下主叶脉。

猫头鹰蝶伪装防天敌

　　说起猫头鹰，人们都不会陌生。我国民间都称它为"夜猫子"，其昼伏夜出像幽灵般的生活习性很容易让人产生种种可怕的联想，人们对这种鸟类也是没有什么好感的。可是，如果这种猫头鹰变成了一种蝴蝶，是不是就没有那么可怕了呢？你可别不相信，在昆虫世界里真的有一种昆虫神似猫头鹰，而且连名字都很像，它就是猫头鹰蝶。

　　猫头鹰蝴蝶得名于其翅膀上的图案，其下层两侧的翅膀上的图案，与猫头鹰的眼睛很相似，看起来很凶狠。其实这些图案的作用是为了防御敌害保护自己。这种伪装能够很好地防御其天敌癞蛤蟆的攻击，是一种较为明显的警戒色。

动物小·知识

　　猫头鹰蝶是举世文明的强健大型蝶类。整个翅面酷似猫头鹰的脸，令人惊异，是极其巧妙的伪装，是每一个蝴蝶收藏家都想得到的精品蝴蝶。它们常回避明亮日光而在下午和黄昏飞翔，喜食发酵果实。

　　猫头鹰蝶具有高超的拟态本领，说它们是狐假虎威的蝴蝶一点也不过分，因为它们确实是在模仿凶猛强悍的猫头鹰。如果你仔细观察会发现，不管你是顺着看还是倒着看，它的形态都很像一只猫头鹰的头部。尤其是它后翅中央的两个大圆点——眼斑，炯炯有神，十分醒目。你盯着它看的时候，好像

它也在虎视眈眈地看着你。这种类似猫头鹰的神态，会令其他动物不由得产生畏惧心理，逃之夭夭了。不光是其他动物天敌见了会被吓住，即使是人类，恐怕也缺乏与它对视的胆量。

其实，除了猫头鹰蝶之外，很多蝴蝶也都会利用眼斑来吸引捕食者的注意力，从而避免致命部位受到伤害。只是，猫头鹰蝶的眼斑更具有威慑力，它们与脊椎动物的眼睛惊人的相似。

眼斑的存在对蝴蝶的生存来说意义非凡。大多数蝴蝶的眼斑不是像猫头鹰蝶的眼斑一样为了恐吓对方，而是制定一个比较明显的"目标区"吸引鸟类捕食者去捕捉，即使损坏了，也不至于危及自己的生命，有些还能正常活动。

虽然猫头鹰蝶受人们关注更多的是它酷似猫头鹰头的特性，但除了强大的恐吓力之外，它的美丽其实也不输于其他蝴蝶。当它将翅膀展开时，就能显出正面的鲜艳色彩，展现它异常亮丽的一面。

猪鼻蛇高明的表演

一些弱小的动物为了生存，非常善于装死。而某些蛇类也会装死，其中猪鼻蛇的装死本领就堪称一流。

虽然猪鼻蛇是一种小型毒蛇，但遭遇敌人时，它却会模仿剧毒眼镜蛇发起攻击的样子——弄扁颈部，膨胀身体，口中发出嘶嘶作响的声音，尾巴还不停地摇摆着。没经验的敌人看到这架式，还以为遇上了厉害的对手，拔腿溜跑了。

动物小·知识

- -

　　猪鼻蛇有毒牙，唾液也有毒性，但是因为猪鼻蛇个性温驯，几乎没有攻击性，同时它们的毒牙属于后毒牙，位于咽喉处，所以就算是被咬也不会直接被毒牙咬到，同时它们的毒性也很温和，只足够毒瘫痪蟾蜍，不足以影响人类的安全，是一种小型毒蛇。

- -

　　如果猪鼻蛇的模仿高招没有奏效，敌人没有逃跑，它们还会使用另外一招——忽然浑身痉挛，肚皮朝天就地而卧。蛇头会毫无力气地歪在一边，张着大嘴，舌头也耷拉出来了，这完全是一副死翘翘的样子。更有趣的是，当有人把猪鼻蛇的身体翻转过来，让它摆正身体的时候，猪鼻蛇会立即翻过去，以证明自己确实是一条死蛇。

　　猪鼻蛇遇到敌害装死时，还会偷偷地注视着对方的动静。如果此时有人在旁边盯着，猪鼻蛇就会继续装死。等人们的视线刚一离开，它就会马上开溜，它真是一种"狡猾"的蛇。

千般变化的章鱼

章鱼体长60厘米，全身棕色，触角非常长。当遇到危险时，章鱼可以改变自己身体的形状和颜色，模仿海洋中有毒动物的外形，令天敌望而生畏，以脱离危险的境地。

鞋底鱼、鱼狮鱼和海蛇等动物是章鱼经常模仿的对象。章鱼可以通过喷气使自己达到需要的速度，然后收紧触角，使身体变得像一片树叶一样轻。远远望去，章鱼就像一条鞋底鱼在随波逐流。如果章鱼伸直自己的触角，模仿鱼狮鱼和其有毒的鳍，再加上它的体色变化，真可以以假乱真。章鱼还能通过改变体色，模仿海蛇身上的黄黑条纹，收紧6条触角，保留剩下的两条触角在水中挥舞，此时，它又成了一条游动的海蛇。尤为厉害的是，章鱼还可以根据潜伏在附近的"敌人"决定模仿哪种动物。比如，如果章鱼遭到小热带鱼袭击，它就会模仿带条纹的有毒海蛇，把小热带鱼吓跑。

动物小·知识

千万年过去了，章鱼家族变得越来越聪明，有的章鱼能够分泌出一种足以把人杀死的超强毒素，有的章鱼（如深海章鱼）的吸盘则变成了发光器官以吸引猎物。

有人认为，章鱼的这种神奇的本领是在恶劣的环境中锻炼出来的。最初可能是章鱼为了捕食才把"家"从珊瑚礁搬到了河流入海口处的泥滩上。这里地形并不复杂，章鱼也无处藏身，容易遭到梭鱼、鲨鱼、鲶鱼和其他动物的捕食，而那些与鞋底鱼、鱼狮鱼或海蛇相似的章鱼能够得以生存，章鱼的这种特性经过自然的选择被保留了下来。

乌贼会喷出黑色烟幕

乌贼，又称花枝、墨斗鱼或墨鱼。乌贼和章鱼一样属于软体动物，因为肚子里装满墨汁，所以也叫"墨斗鱼"。其皮肤中有色素小囊，会随"情绪"的变化而改变颜色和大小。乌贼头的两边是两只大大的眼睛，嘴的周围长着十条长长的手臂。乌贼的游泳方式很独特。在游动时，它的触手下面的漏斗会喷出强大的水流，于是它就可以像火箭一样飞速前进了，最高时速能达到150千米。

乌贼家族各成员之间的差别很大。例如，体型最大的大王乌贼长达20多米。它们生活在深海中，常常和鲸鱼发生冲突。最小的乌贼是雏乌贼，它们

的大小和一粒花生米差不多，体重只有0.1克。另外，还有一种能发光的萤乌贼，它们发出的光可以照亮0.3米远处，强烈的光常常会吓得捕食者仓皇而逃。

乌贼肚子里的墨汁可以用来保护自己。一旦有凶猛的敌人扑过来，乌贼就会立刻从墨囊里喷出一股墨汁，把周围的海水染成黑色，模糊敌害的视线，含有毒素的墨汁还能麻痹敌人的神经。在黑色烟幕的掩护下，乌贼便能逃之夭夭了。

动物小·知识

相传以前有一个人借钱后用乌贼的墨汁写下了借条，当时看着字迹非常鲜亮。过了几年，这个人还没有还钱，于是债主拿着借条去要债。但是借条上的文字已经完全褪色了，债主便认为是有乌黑色墨水的贼偷了他的钱。于是人们便开始叫这种动物"乌贼"了。

在乌贼的头部腹面，有一个漏斗，对于乌贼来说，它不仅是生殖、排泄、墨汁的出口，还是重要的运动器官。当乌贼紧缩身体时，体内的水分就能从漏斗口急速喷出，借助水的反作用力，乌贼就像强弩离弦，迅速前进。由于乌贼的漏斗总是指向前方，因此乌贼运动时一般是后退的。乌贼的特殊构造使它在游泳时十分快速。为了适应这种游泳方式，乌贼的贝壳在长期的演化过程中，逐渐退化，并被完全埋在皮肤里面。

在所有的海洋生物中，乌贼是游泳速度最快的动物。乌贼之所以具有较快的游泳速度，是因为它与普通鱼不同，普通鱼靠鳍游泳，而乌贼是靠肚皮上的漏斗管喷水的反作用力向前进，其喷射能力就像火箭发射一样，能够使乌贼从深海中跃起，跳出水面7~10米高。

刺鲀是水中刺猬

　　刺鲀小小的身材，浑身长满了刺，就像海洋中的刺猬一样，虽然弱小，却敢于在最强大的对手面前横行。刺鲀是河豚的近亲，它们最大的特点便是密布于身体表面的坚硬的刺，以及随意变化大小的身体。

　　刺鲀生活在温暖地区海底的珊瑚礁旁，体短而宽，有着大大的眼睛和呈喙状的牙，满身都长有坚硬的长棘。刺鲀没有腹鳍，靠着背鳍和臀鳍的摆动在海水里游泳，所以它的游泳能力很弱，在残酷的海洋世界，长棘是它唯一的武器。每当遇到危险时，刺鲀就会吞入大量海水，这时，它的身体马上会膨胀到原来的两三倍大，近乎一个球形。同时，棘刺也会根根竖起如同钢针，以此吓跑敌人，这一点与陆地上刺猬的自卫方式真是如出一辙。刺鲀身上的刺是由鳞片演化而来的，除了露在外面的尖锐部分，还有底部的刺基，每当棘刺竖起，刺基也会随之一块块连接起来在身体表面覆上一层硬甲，避免受到伤害。等到危险解除，它们又会把体内的水吐出来，恢复原来的模样。这时，那些棘刺就像其他鱼儿身上的鳞片一样，平平地贴在身上，顺溜溜、光滑滑的，一点也看不出来。

　　刺鲀之所以能够如此"随意"地变大变小，不是因为刺鲀拥有神秘的能力，而是由于刺鲀拥有一个不能消化食物，却强大无比的胃。刺鲀的胃非常大，不过，它已经失去了原来的消化功能，吃进的食物都会直接进入肠道消化。刺鲀的胃变成了简单的容器，而且有着数不清的褶皱。当刺鲀不断地吞食海水和空气时，胃的褶皱被撑开，逐渐变成了圆球，刺鲀的身体也会由于胃部的撑大而变大，长棘也会硬如钢针。

鱼目混珠的叶形鱼

　　叶形鱼，原产于亚马逊河、圭亚那，又名枯叶鱼、叶鱼、多棘叶形鲈。体长达10厘米，体高，侧扁，就像一张树叶。头吻很尖。口大，口裂下斜。下颌比较突出，上面长有一硬触须。背鳍、臀鳍、鳍基很长直到尾柄，硬棘数比软鳍条数多。叶形鱼的胸鳍很小，腹鳍在胸鳍以下稍前。它的尾柄短小，尾鳍呈圆形但不发达。叶形鱼的体色会随着环境光线的变化而变化，能变成绿色，还能变成枯黄色，它伪装成一张落叶飘落在水中，既可以躲避强敌，又容易捕获猎物，是善于伪装的珍贵鱼种。

许多鱼类为了防御敌人，都有自己特殊的自卫武器和保护色彩。叶形鱼也是不例外。

叶形鱼生活在南美洲的小河里，个头很小，外形就像叶子，颜色与红叶树的老叶相同。叶形鱼头的前端长着一个形状类似叶柄的小突起，当它在小河两岸边的水草丛中穿行时，真像一片叶子。叶形鱼的行动也很奇特，在水中它没有任何游水的动作，好像是在顺水漂浮，经过仔细观察，人们才能发现叶形鱼在频繁地摆动着鳍划水，由于它们的鳍很小，而且透明无色，因此在水中几乎看不出叶形鱼在摆动。叶形鱼常常一动不动地躺在水底，和落在水里的树叶几乎没什么区别。当人们用网捞起叶形鱼时，叶形鱼也没什么动静，人们必须经过仔细挑选捞到的树叶，才会发现叶形鱼的存在。生活中有"鱼目混珠"的说法，但像叶形鱼这样以"鱼身混叶"的还真少见。

比较小的鱼和昆虫是叶形鱼的捕食对象。叶形鱼的捕食方法很有特点，当它进行捕食的时候，它会在水中躺1个小时、1天，甚至更长的时间而不动声色。如果有猎物靠近它，它会仔细地甄别猎物的大小与强弱。但是如果猎物比它大一点或者性情比较凶猛，它宁愿继续等待也不愿冒险触及。如果它认为可以攻击，就会来个突然袭击，然后十拿九稳地捕获猎物。

满身毒刺的海胆

　　海胆是一种非常有趣的海洋动物。它个头不大，直径大约20厘米，体型各异，有球状的、圆盘状的或心脏形状的。

　　当发现猎物或受到攻击时，海胆会用针刺将毒液注射进对方的身体内。这些毒液是由覆盖在针刺下的腺体制造的。每当海胆将针刺扎入敌手体内时，针尖就会折断，于是毒液就沿着针尖注入到伤口里去。

　　毒原性蛛网海胆是最危险的海胆，被称作"海胆杀手"。实施攻击时，它们会用带毒腺的长"探针"扎入猎物的体内。尽管这样做以后，"探针"会从海胆身上脱落下来，但它仍能继续往敌手伤口里注入致命的白色毒液。这种海胆的毒素对人体的毒害作用非常大，可以导致身体瘫痪，严重时甚至能够置人于死地。

 动物·小知识

海胆以巨藻为食，而海獭捕食海胆。如果某处的海獭灭绝了，海胆就会把巨藻吃光。最终这片海域变得非常荒凉，人们称它为"海胆荒地"。

海胆看起来好像不是生物，不具备运动能力。实际上，海胆会随着摄食而作出运动。如果食物丰富，海胆每天可能只移动10厘米；如果食物稀少，海胆每天则可以移动1米多的距离。

海胆是靠透明、细小、数目繁多的黏性管足及棘刺运动的。管足在进行运动时，与海星极为相似，能够抓紧岩石，而在底部的棘刺能够抬起海胆的身体，帮助海胆随意运动。海胆运动时不用转头，能够随时以步带的方向作为前导。当海胆被反转时，它的棘刺和管足可以把它翻正。有些海胆为避免自己被海浪冲到深水的海床，出生后就开始不停地挖掘，它们把自己藏在洞穴中，如梅氏长海胆就是这样。梅氏长海胆利用自己在新陈代谢时排放出来的碳酸（因排出的二氧化碳溶于水中生成）把洞穴壁进行软化，并利用口器和棘刺使洞穴变大。

第三章

动物的居所建造

　　巢穴是动物休养生息的场所，动物大都具有建造巢穴的本领。在动物世界里千奇百怪的建筑形式，是动物纯粹配合生存环境而建立的建筑形式，还是如同人类社会的建筑物，除了基本实用功能的考虑外，还是美感和智慧的累积？在动物中也有不少能工巧匠，它们的建筑技术一点儿也不比人类逊色。

织布鸟是编结能手

　　织布鸟看上去平平常常，既没有鲜艳的羽饰，也没有潇洒的风度，说起来它们还是麻雀的亲戚，麻雀常居人之左右，与人一道繁衍生息，兴旺发达而为人所知。织布鸟则以巧妙的编结技术闻名于世。全世界共有70种左右的织布鸟，大部分栖息在非洲和南亚。我国云南省西双版纳生活着黄胸织布鸟，这是在我国繁殖的唯一代表。

　　织布鸟也和攀雀一样，喜欢把住宅吊在空中，用来造巢的材料很严格，必须是柔软而结实的植物纤维才行。而织布鸟却有裁剪丝绒的才能，它先用嘴啄住禾草或棕榈树叶的边缘，然后猛地飞起，就会撕下一条纤维，过去常

传说织布鸟在织巢时，雌鸟卧在巢里，雄鸟在外，来回穿递纤线，就像在织布一样穿梭，所以把它们称做"织布鸟"。后来科学家们做了大量的观察，发现雌雄一起"织布"造巢只能是一个美好的传说，在织布鸟中真正的织布工人都是"男性"，营巢工作主要由雄性织布鸟承担。筑巢的过程与攀雀十分相似，也是先编成几条绳索，再把它们合起来，但雄织布鸟更善于打结，在不同情况下它会打出不同种类的结，所以确切地说织布鸟不是在"织布"，而是在"编结"。最终造好的巢像一个圆底烧瓶，下端的膨大部分为巢室，底部的一侧留作入口，可以通到巢室。在巢室中常发现有泥球，可以增加巢的重量，使巢稳稳地挂在枝头，而不会被风吹翻。有的织布鸟还会在巢的入口处修上一条长达30多厘米的通道向下垂着，蛇等动物很难进入。亲鸟进巢也只能由下向上飞，不能在巢口处停留。

动物小·知识

织布鸟主要活动于农田附近的草灌丛中，营群集生活，常结成数十以至数百只的大群。性活泼，主要取食植物种子，在稻谷等成熟期中，也窃食稻谷。

雄鸟造好巢后，也会急着请进一位"新娘"，为了引起雌鸟的注意，雄鸟常会倒挂在巢底，做出各种炫耀动作，并会引颈高歌，但它的歌与它精美的编织品很不相衬，"吱吱"作声，并无其他音调，远不是位好歌星，或者只能算作某种"摇滚歌手"。雌鸟们却并不讨厌这样的唱法，它们很能明白雄鸟的心意。它们只对雄鸟的作品很挑剔，许多年长富有经验的雄鸟在这方面占有很大优势。精致的小屋一旦入选，雌鸟就会接着完成巢的内部装修工程。一些年轻的雄鸟显然是筑巢的技术还不过关，雌鸟对它们编结的巢不感兴趣，即使雄鸟大喊小叫也无济于事。假如过了一周，还没有雌鸟愿意以身相许，雄鸟就会亲自拆毁它苦心编织起来的"梦想"，然后再接再厉，重新编织一个巢，终究会有一天，它们也能博得雌鸟的青睐。

会享受的燕子

　　燕子秋去春回的飞迁规律早已被人们所熟知。古代的诗人曾这样描述燕子的飞迁习性："旧时王谢堂前燕，飞入寻常百姓家"、"无可奈何花落去，似曾相识燕归来。"在秋季，燕子总要进行每年一度的长途旅行——由北方成群结队地飞向遥远的南方，因为那里有温暖的阳光和湿润的天气，而在北方的冬季，寒冷的冰霜和凛冽的寒风只能留给从不南飞过冬的山雀、松鸡和雷鸟。表面看来，燕子背井离乡是北方冬天的寒冷造成的，它们等到春暖花开的季节再由南方返回本乡本土生儿育女、安居乐业。真是这样吗？其实并非如此。

原来燕子是以空中飞行的昆虫为食的，况且它们不习惯在树缝和地隙中寻找昆虫，也不能像松鸡和雷鸟那样杂食浆果、种子或在冬季改吃树叶（针叶树种即使在冬季也不落叶）。可是，在寒冷的北方，冬季是没有飞虫可以捕食的，燕子又没有啄木鸟和旋木雀那样发掘潜伏昆虫的幼虫、虫蛹和虫卵的本领。食物的极度匮乏使燕子不得不进行每年一次秋去春来的南北大迁徙，以便能得到更好的生存空间。

燕子为什么喜欢把巢筑在屋檐下呢？这是由于燕子筑巢主要是为了产卵和哺育幼鸟，屋檐下又宽又平，很符合燕子筑巢的要求。而且，猫和较大的鸟都到不了这里，燕子幼鸟就可以安全地住在这个地方，直到长大会飞。

下雨之前，燕子总能准确地预报天气。这是因为下雨前，空中的湿度大，而且气压很低，昆虫们都在低空飞行。这是燕子捕食的好机会，为了得到更多的食物，燕子们也就飞得很低了。

营冢鸟苦心营温室

营冢鸟生活在澳大利亚、菲律宾群岛、伊里安岛、萨摩亚群岛等地，它们孵蛋方式非常奇特。一般的鸟都是靠自己的体温孵蛋，每天24小时不离蛋。而营冢鸟则要"聪明"一些，它营造出了一种天然的"孵蛋器"，这种孵蛋器可以用于孵化小鸟。不同种类的营冢鸟制造"孵蛋器"的方法也各不相同。

澳大利亚营冢鸟建造"孵蛋器"时有自己独特的方法。建造"孵蛋器"和筑巢的任务由雄营冢鸟完成。雄性营冢鸟会选择地形良好、阳光充足的地方，用它的利爪挖出一个坑，然后从周围收集一些树叶、干草放进坑里，堆成大堆，然后盖上一层垃圾和泥土，建成"孵蛋器"和巢穴，供雌营冢鸟产蛋使用。

数月之后，雄营冢鸟和雌营冢鸟一起飞来，"孵蛋器"里的物质经过天然发酵，使里面的温度逐渐上升。此时，雄营冢鸟就会扒开土层，在堆上钻个小孔，把头伸进去，感觉一下温度是否合适。如果温度合适，它就会让雌营冢鸟在树叶间掘出一个坑，把蛋产在小坑中。由于蛋中有一个气囊，因此，雌营冢鸟产下的蛋，总是竖立在烂叶堆中，蛋尖也总是向下。产蛋后，雌营冢鸟把腐殖质覆盖在蛋上，然后再一层层地堆上泥沙。

在整个孵化期间，营冢鸟常常会飞到"孵蛋器"边，来探测温度，以确定是否增减土堆腐殖质和泥沙，使温度保持在适宜孵化的范围内，60~90天后，雏鸟就会破壳而出，此时，雌营冢鸟就会离开巢穴。

河狸壮观的土木工程

　　人们在新疆阿勒泰地区经常会发现，在一些小河中间会出现一条由树枝、泥土堆砌而成的土堤，这使得朝向上游一边的水位明显比另一边高。这是人工建造的堤坝吗？不，在土堤树枝上，有尖牙啃咬的痕迹，它会明白无疑地告诉你：这条土堤是动物世界中著名的"土木建筑师"——河狸的杰作。人们见到的这类堤坝一般长二三十米。但是在美洲阿拉斯加，有人曾看到过河狸建造的长达270米的土坝。在美国蒙大拿州，人们还发现了河狸建造出的长630米的大坝工程。

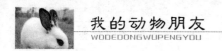

河狸建造堤坝的目的，是为了防御外敌入侵。河狸常在堤内筑巢。河狸的巢有两个出口：一个出口通向地面；另一个出口由一条隧道通向水下。如果在陆上河狸被猛兽发现，它只要纵身一跳，就能迅速潜回水中的巢穴。

河狸既没有锯和凿子，又没有牵引车和装卸车，它是靠什么来筑坝的呢？要知道，这种动物是砍伐树木的能手，它的牙齿像钢锯一样，能在15分钟内咬断一棵直径10厘米的树木。有趣的是，河狸会有意识地调整方向，让咬断的树木倒向河里。聚集了许多树木以后，它便利用水流把这些建筑材料运到围堤的地方。河狸把树干垂直地插进土里，当做木桩，然后用树枝、石子和淤泥堆成堤坝。

大功告成后，河狸就在堤内的浅滩建造自己的安乐窝——一个炭窑似的圆顶房子，这个窝造得十分巧妙：圆顶房屋的直径为2~3米，坚厚的墙壁外面涂着黏土，每个窝分上下两层：上层比较干燥，是舒适的住房；下层在水面下，是堆放食物的仓库。

河狸不仅是优秀的建筑师，还是出色的游泳和潜水运动员。河狸潜入水下的时候，它的鼻子和耳朵的瓣膜会自动关闭；透明的眼睑既能防止树枝和杂物伤害眼睛，又能使它在水中看得一清二楚；它的嘴巴两边各有一个皮肤皱褶，所以水也不会流进去。

在游泳的时候，河狸的尾巴就像舵和潜水板。可是，当它端坐在地上啃树枝时，尾巴又成了一条腿，能起支撑作用。河狸的尾巴还是天然的报警器，一旦在水中发现敌情，它就用尾巴使劲地击水，发出"噼噼啪啪"的声响。这是一种紧急信号，浅水中的河狸听到击水声后，会马上潜入深处；待在陆地上的河狸会飞快地跳入水中。在大敌当前的时候，河狸的这种击水动作还能把对方吓跑。一次一位动物学家牵着一条会游泳的狗来到了小河边。河狸发现情况不妙，便开始奋力击水。不一会儿，河面上就水花飞溅，水雾弥漫。狗见到这一场面，吓得夹着尾巴逃跑了。

穿山甲挖洞为家

穿山甲长得尖头尖尾的，除了腹部、面部及四肢内侧外，身体上都披着角质鳞片。穿山甲最爱吃的食物就是蚂蚁，它还会运用计谋来捕食呢。根据季节的变化，穿山甲会改变住所让自己住得更舒服。

穿山甲一般栖息于热带及亚热带地区的山麓、丘陵或灌丛杂树林、小石混杂泥地等潮湿的地方。它们喜欢挖洞居住，洞穴多筑在泥土地带。洞道较长，末端有巢。白天，穿山甲常匿居洞中，并用泥土堵塞洞口。夜里，穿山甲就会出来觅食，行动活跃，能爬树。遇敌或受惊时，穿山甲常蜷成球状。穿山甲主要以白蚁为食，此外也食蚁及其幼虫、蜜蜂、胡蜂和其他昆虫幼虫等。每年繁殖一次，每胎1~2仔。

穿山甲有着惊人的食量。一只成年穿山甲，最多可以吃掉500克白蚁。据科学家观察，在250亩林地中，如果存在一只成年穿山甲，白蚁就不会危害到

森林,由此可见,在保护森林、堤坝,维护生态平衡、人类健康等方面,穿山甲起到了巨大的作用。

由于穿山甲世代以蚁类为食,这使得它的牙齿早早就退化了。不过,借助于吞食到胃中的小沙粒,穿山甲能把食物磨碎。

穿山甲用前肢挖洞,后肢刨土,速度极快。有时先用前爪把土挖松后,再把身子钻进去,然后竖起全身坚硬的鳞片往后退,将松土推出。它们可以灵活地在土里进进出出,好像有"穿山之术"一样。

有时候,一只穿山甲的鳞片下爬满了蚂蚁,而它却无动于衷。原来,这是穿山甲的诱敌之计。等到蚂蚁足够多时,穿山甲就会骤然收紧鳞片,把蚂蚁关在里面,然后,它走到附近的河里,放开鳞片把蚂蚁全都抖落在水面上,然后就可以悠然地美餐一顿了!

獾的隧道掘进机

在哺乳动物中，会挖土、过穴居生活的动物很多，但獾的挖土本领绝对是最高的。

獾体型特别肥大，四肢较短，耳壳短圆，眼小鼻尖，颈部也很粗短。獾前后足的趾都长着强有力的黑棕色爪，前爪比后爪长。它的脊背从头到尾长着又长又粗的棕灰色针毛。鼻端长有发达的软骨质鼻垫，就像猪鼻一样；粗短的四肢强壮有力，趾端均长有强而粗的长爪，爪长与趾长相当。獾凭借自己灵敏的嗅觉，拱食各种植物的根茎，有时也吃蚯蚓和地下的昆虫幼虫，它还会在溪边捕食青蛙和螃蟹，或者在灌木丛中捕捉老鼠，有时甚至吃动物腐烂

的尸体。獾的爪子细长弯曲，尤其是前肢爪，是掘土的有力工具。獾长有黑褐色与白色相杂的毛色，头部中央及两侧长有3条白色条纹。獾是群居动物，一个洞穴内常有10只獾居住。獾有夜行性，习惯冬眠，秋季到来时，獾会积累大量脂肪，以备冬眠之用，第二年3月獾才出洞。

动物小·知识

獾的牙齿极为锋利和坚硬，有人使用中国产军用铁锹试图挖出生活在中国东北洞穴中的獾时，被獾用牙齿将铁锹咬断。

全世界有8种獾：猪獾、狗獾、鼬獾、缅甸鼬獾、美洲獾、马来獾。它们属于鼠由科动物，与黄鼠狼是近亲。獾长着楔形的头部、扁平的躯体，它的颈脖粗短，肩膀结实，前腿强壮，前爪弯曲，獾的这些特征对它挖土十分有利。特别是两只巨大的前脚爪，就像两把锐利的铲子，能够与人造的隧道掘进机相媲美，使它可以得心应手地挖掘出尘土。獾像鸟类一样，长有透明的内眼睑——瞬膜，因而即使在挖掘松散的沙砾瓦石时也能够发现自己需要的猎物。獾的前脚爪下侧，还长有许多感觉器，在挖土钻洞时能够避免接触各种障碍物。獾在挖洞穴时，头部朝下，两条后腿互相抱着，铲子状的前脚爪快速挖掘泥土，由于颈、肩等的向下压力，所以獾掘土的速度很快，以至于空中纷纷扬起灰尘。獾杰出的掘土本领有利于动物的生存。獾多半时间会待在自己的洞穴里，进行交配繁殖或休息。如果遭遇恶劣的风雪天气，獾就会从洞穴内部堵塞地下通道，以免自己受到损害，并且不出户地连续睡上几天，待天气好转后再外出游荡。一旦在外面碰上敌害前来侵犯，它们就立即进洞避难。到了冬天，天气寒冷，野外食物十分缺乏时，獾就入洞冬眠，度过寒冷的冬天。

草原犬鼠的地下城堡

草原犬鼠又叫旱獭，体色呈土黄色，这种颜色使它们与周围环境融合起来，不易被"敌人"发现。夏天时草原犬鼠就会在体内贮存脂肪，为冬眠做准备。它们冬眠的时间一般为半年，有的甚至长达8个月之久。

犬鼠妈妈很喜欢同小犬鼠玩耍，小犬鼠就这样在游戏中慢慢长大。它们从看似简单的游戏中学会了生存的技能，也逐渐具备了保护家庭的责任心和能力。

草原犬鼠非常机警，它们会在自己的"家"门口设置哨岗。一旦发现敌情，它们会一声呼哨向同伴们报警。随后，它们便向地洞深处逃去。

动物小知识

　　草原犬鼠习惯于群体的生活。在生态影片中经常出现，是很受欢迎的可爱动物。尤其是站立及坐下的动作格外可爱，同时尾巴会如狗般摆动，很惹人喜爱。

　　冬眠前的草原犬鼠胖乎乎的，冬眠时它们就缩成一个圆球，以降低热量散失。当春季来临时，草原犬鼠会从冬眠中醒来，它们与冬眠前判若两"人"，消瘦得令人无法置信。

　　草原犬鼠很爱玩，它们常聚在一起你拉我、我推你地取乐。有时两只草原犬鼠会面对面站着碰牙齿，这看起来很有趣，但它们这样做不是在玩耍，而是在战斗。

　　草原犬鼠是挖洞能手，它们的地洞结构复杂，盘根错节。地洞中有一些巢室是用来冬眠和生育宝宝的，有一些巢室则是它们的厕所，有一些巢室专门用作卧室，里面铺着厚厚的干草和树叶。

鼹鼠的盲道生活

  之所以说鼹鼠见不得光，是因为它总是生活在地下。鼹鼠大萝卜似的身体非常适合地下生活的方式，它的头紧挨着肩膀，看起来像没有脖子，整个骨架矮而扁，跟掘土机很相似。它的尾巴小而有力，耳朵没有外廓，身上生有密短柔滑的黑褐色绒毛。

  鼹鼠自身的这些特点非常适合它在狭长的隧道中自由地奔来奔去。在地下生活快活自在，不过也要付出一定的代价。成年后的鼹鼠，眼睛会深陷在皮肤下面，视力完全退化，又由于经常不见天日，鼹鼠很不习惯阳光照射，所以鼹鼠一旦长时间接触阳光，它的中枢神经就会变得混乱，引起各个器官失调，最后导致死亡。

  鼹鼠非常注重生活品位。它们住在一个地下城堡中，城堡的建筑物包括

主塔、一间大卧室、通往城堡内各处的环廊、大会客厅、餐厅等，另外还有一间狩猎室、一间卸载货物的仓库以及一座鼹鼠丘。

生活在地下领地的蠕虫和其他昆虫是鼹鼠的食物。因此它的城堡大小取决于生活在它领地里的昆虫数量。一只成年鼹鼠开挖的洞穴总面积能够达7000平方米以上，洞穴里纵横交错，上下相通，最多的有6层。隧道四通八达，阴暗潮湿，很容易滋生蚯蚓、蜗牛等虫类，这样便于它们经常在地下"餐厅"里进餐。

要造出无比豪华的地下城堡，没有一个像样的掘土机是不行的，鼹鼠的掘土机就是它那双巴掌。由于大部分时间都待在土壤里，鼹鼠的身体结构自然会有一些变化，比如它的前掌向外翻出，掌心向外，又称为"反巴掌"。

可不要小看这个"反巴掌"，只要这个"巴掌"一开动，土就会哗哗地翻出来，可算得上是鼹鼠挖洞的大功臣。此外，鼹鼠的嘴十分尖锐，就像掘土机的钻头，可以让它很轻松地在地道里钻来钻去，减少了不必要的摩擦。

在鼹鼠家族里，不是所有的鼹鼠都是独居的。家住在非洲肯尼亚、埃塞俄比亚等地的裸鼹鼠，就过着和蜜蜂家族一样的集体生活。在这个王国里，除了一只相当肥硕的"王后"和几只雄鼠外，其余无论雌雄都是工鼠。

其实，裸鼹鼠并不全裸，它全身长着40根像猫胡须一样的长毛。这些长毛触觉极其敏感，只需触动其中的任何一根，都会使裸鼹鼠把头伸向刺激点。整天生活在黑暗地下的鼹鼠就是靠这些触须来辨认方向的。鼹鼠在前进时，就摆动头部；后退时，则摆动尾巴。鼹鼠之所以这样做，就是为了使触须能够触摸到隧道壁。

白蚁是天才建筑师

世界上大约有200多种蚂蚁，最著名的是南美切叶蚁，能在它们的巢穴里种植菌类作物作为它们的一种速食来源。大约有3500种甲壳虫和330种白蚁也会培育菌类作物。但是在所有的昆虫里面，只有非洲白蚁才能培育出更加复杂的菌类作物，而且具有非常高级的栽培技术。非洲白蚁培育的菌类作物只能在它们的排泄物上生长，而且需要特殊的温度——30℃，高于或低于这一温度都不行。白蚁所建的巢穴的方方面面都是为了能恰好保持这一温度。

动物小知识

白蚁生活习性独特，营巢居的群体生活，群体内有不同的品级分工和复杂的组织分工，各品级分工明确又紧密联系，相互依赖、相互制约。白蚁的群体中有繁殖型个体和非繁殖型个体。

白蚁通常把泥浆建在一个潮湿的洞上面，它们至少会挖两个孔通到地下水位线以下。此外，它们还会建一个直径为3米的地窖，大约深1米，中间撑着一根较粗的柱子。这里面居住着蚁后、保育蚁和它们培育的菌类作物。地窖的顶端是薄薄的聚合叶脉，洞穴的四周有通风的管道。洞穴的顶部有很多空心的塔当做烟囱，高达6米，直通地面。洞穴的每一项精心设计都恰好有利于空气的流通以及保持湿润，不管外面温度如何，洞内的温度始终都保持在30℃。更令人惊奇的是，工蚁只有2厘米大小，所以，按照同样的比例，它们建造的蚁穴比人类造的建筑物还要高，相当于180层楼的高度。

石蛾宏伟的水下建筑

石蛾能吃掉动物或植物的碎屑，对清洁水体极有帮助，是淡水生态系统的一部分。其幼虫及成虫又是许多淡水河溪湖泊鱼类的重要食物，尤其是鳟鱼。特别喜食石蛾，因此钓鱼者常把鱼饵的假绳制成石蛾的形状。

雌性石蛾经常把卵产在水中，或产在水面上或水面下的岩石和植物上。经过几天后，幼虫石蚕就会孵出，它们在淡水中生活，以藻类、植物或其他昆虫为食，其食性根据种类不同而不同。经过一个发育阶段之后，一些种类的幼虫巢壳就会黏附在固体物质上，封闭两端，在其内部化蛹。另一些种类则结成一个茧。等到蛹发育成熟，就会咬穿巢壳或茧，游到水面完成变形，成为真正的石蛾。

在湖泊和溪流中生活着很多石蛾幼虫。这些幼虫喜欢较冷而无污染的水域，其生态适应性很弱，有助于显示水流污染程度，是较好的指示昆虫。石蛾在流水生态系统的食物链中占据着重要的位置，它是许多鱼类的主要食物来源。

石蛾是著名的"水下建筑师"，但石蛾的建筑不同于其他动物的建筑。石蛾的建筑不是由庞大的"社区"组成的。它们的建筑非常小，但却具有不寻常的多功能性及很高的艺术水平。这种所谓的"水下建筑师"的幼虫用沙子、贝壳、细枝和废物等，建造可移动"外壳"，以便在成长过程中能够保护自己，提供天然的伪装。最后，石蛾幼虫长出下颚，游到水面上，那特有的建筑也被它抛弃了。此时，石蛾就能够自由地展开羽翅飞到空中。

水蜘蛛高超的建筑技巧

平时水蜘蛛喜欢在水流平缓的湖泊和宁静的水塘中生活，主要以小的水生生物及其幼虫为食。在蜘蛛家族中，水蜘蛛是唯一一种能完全适应水中生活的蜘蛛，它从出生到死亡，都是在水中度过，然而水蜘蛛却不能在水中直接进食。为了解决自己的进食问题，水蜘蛛充分运用高超的建筑手段，在水下建成了空气室。

动物·小·知识

　　水蜘蛛生活在洁净、水草丰富、四季永不干涸的池塘中，对于环境的变化比较敏感。现在由于土地沙化以及水体污染等原因，我们已经很难找到它们的身影了。

在建造空气室时，水蜘蛛首先在水下植物间吐丝，织成一个三角形的网。然后，它开始从水面搬运空气。水蜘蛛爬出水面，舒展多毛的腹部，它刚潜入水下，就有一个气泡吸附在它的腹部的绒毛之间。当它到达水下编织的网时，它就极其小心地用后脚把气泡挂在网上。随着水蜘蛛一次次地搬运空气，气室就不断膨胀、扩充，一个水下的空气室很快就建好了。水蜘蛛既可以在这里用餐，还可以在这里休息。每次水蜘蛛外出时，它都会随身带上一个小小的"氧气瓶"装置，以供消耗。水蜘蛛临近产卵时，还会建造一个更大的气室作为产房。它把蛛丝缠绕在水生植物的四周，以克服水的浮力。当产房建成后，雌性水蜘蛛就可以将卵产在气室里，几周之后，这个大水泡里就会爬满小蜘蛛。

寄居蟹独特的房子

　　自然界中有一种螃蟹，它寄住在贻贝里。它们只要一爬进贻贝里，就不再出来，把那里当做自己的家，自己充当起了看门人的角色。人们给了它一个形象的名字——"看门人"。生活在贻贝里的这种蟹，只有拇指大小。它们和贻贝相处得还算和平。贻贝会不断地开合自己的外壳以换水换气，在此过程中，水流会带进来很多的微小生物，这刚好为寄住在里面的小蟹提供了丰富的食物。但如果食物供给不足了，小蟹就会开始啃食贻贝的肉了，所以贻贝必须得很辛苦的工作。当小蟹长大了，它们的身形大到无法走出贻贝，就

只好一直住在贝壳里了。

说起螃蟹，人们都会想到在河流、海洋和沙滩上它们的身影——它们穿着厚厚的盔甲，举着一对粗壮的"大钳子"，8只锐利的硬爪就好像8把利剑，样子看上去很威武。最奇妙的是，它们跟别的动物的走路方式完全不同，它们可以横着行走。

螃蟹的一对大螯，像大钳子一样，是最厉害的防身武器。螃蟹的眼睛可以上下伸缩，伸出来时像两个瞭望的"哨兵"。螃蟹是一种生活在水中的动物，它们和鱼一样用鳃呼吸。螃蟹的鳃长在身体两侧，由很多松散的鳃片组成，表面由坚硬的壳保护着。但是和鱼类不同的是，螃蟹离开水也不会干死，因为它们的鳃片可以储存水分，所以它们敢在陆地上"横行"。

很多人都认为，螃蟹是一种没有骨头的动物。因为在吃螃蟹的时候，只会看到它身体外面那层硬硬的壳，壳里面全都是肉，根本找不到一根骨头。其实，螃蟹外面的那层硬壳就是它的骨头，只不过这种骨头长在肉的外面而已。科学家给它起了个名字，叫做"外骨骼"。人们常见的虾、蜈蚣、蝎子是长外骨骼的动物。

动物小·知识

　　一般海栖的寄居蟹会在海洋里或海滩礁岩浅水里发现，而陆寄居蟹则在海滩沿岸等内陆地带发现。陆寄居蟹的左蟹脚比右蟹脚大，而海栖寄居蟹则并不一定都是这样。海栖寄居蟹的蟹脚可以是相同大小，或右蟹脚小于左蟹脚。

所有螃蟹都是横着走路的，原因在于它们的运动器官跟别的动物不一样。原来，螃蟹的8只脚都与头胸部连接着，不能转动方向。它们脚的关节只能向下弯曲，向左右移动，而不能向前爬。走路的时候，螃蟹先用一侧的脚抓地，然后再用另一侧的脚在地面上伸直往一侧推，这样，它们就横着走动开了。

蜜蜂精巧的蜂房

　　和其他昆虫一样，蜜蜂需要经过几个阶段的发展才能成年。所有的蜜蜂的蜕变过程都必须经过四个阶段：卵，幼虫，蛹和成虫。蜂王在蜂窝产下卵子细胞。工蜂则辛勤工作，喂养幼虫快速增长。最后，蜂窝细胞会覆盖过来，幼虫就旋转茧化蛹。

　　当蛹神奇地完成转化后，就变成了小蜜蜂。蜜蜂从卵到成年则需要16天。工蜂的寿命很短暂，一般只有几个星期。

动物小知识

　　蜜蜂完全以花为食，包括花粉及花蜜，后者有时调制储存成蜂蜜。毫无疑问的是，蜜蜂在采花粉时亦同时对它授粉，当蜜蜂在花间采花粉时，会掉落一些花粉到花上。这些掉落的花粉关系重大，因它常造成植物的异花传粉。蜜蜂身为传粉者的实际价值比其制造蜂蜜和蜂蜡的价值更大。

　　蜂窝呈六边形，这一高效的架构为蜂王产卵提供了一个天然单元格，每只幼虫都享有其自身的发展空间。在每个单元格里都储存着丰富的蛋白质。随着夏天来临，花蜜变得更为丰富，需要额外的存储空间，以便存储较多的蜂蜜。

　　著名的生物学家达尔文说："蜂房的精巧构造非常符合蜜蜂生存的需要，如果一个人看到精巧的蜂房而不倍加赞扬，那他一定是个糊涂虫。"在德国数学家杜娄收集的有史以来最有名的数学问题中，蜂房问题就是其中之一。

从正面看，每个蜂房都是由正六边形组成，它的每一个内角都是120°，这样整齐的排列，非常令人惊奇。更为有趣的是，蜂房的底部是由3个全等的菱形拼起来的，两排这样的蜂房，底部和底部相嵌接就构成了整个蜂巢。

这表明，这种奇特的形状和角度，可使建造蜂房的蜂蜡用得最少，而又能适合于蜜蜂生长、酿蜜的需要。小小蜜蜂，真是昆虫世界最会"精打细算"的建筑师啊！

蓑蛾随身携带的房子

蓑蛾俗称结草虫、结苇虫、木螺、蓑衣丈人、避债虫、皮虫、背包虫、袋虫，属于鳞翅目蓑蛾科的一类昆虫，幼虫肥大，胸足和臀足很发达，腹足退化成跖状吸盘。蓑蛾幼虫吐丝会造成各种形状的蓑囊，囊上黏附断枝、残叶、土粒等。蓑蛾幼虫生活在囊中，行动时会伸出头、胸，负囊移动。

它们的幼虫生活在一个长形的"袋"中，这个袋是由幼虫吐出的"丝"，加上枯草枯叶、土粒等制成的。肚子饱的时候，幼虫就在袋中休息，饿了它就将头和胸伸出袋外，背着袋往前移动。遇到敌害时，它就把身子缩在袋中。随着幼虫不断长大，以前编织的袋不够容身；于是幼虫就开始行动起来，它先在袋边吐一些丝，再把啃下来的叶片拱到背上，吐些黏液黏在袋子的边缘，一片一片的，蓑蛾幼虫就这样把袋子不断结长，以保护自己长大的身体。

动物·小·知识

蓑蛾幼虫是林木、果树、行道树的重要害虫，时常把树叶吃光，在树上挂满蓑囊。吃光树叶后还能转移到附近的作物上继续为害，造成果实、种子产量的下降。

幼虫长大以后就用丝把袋吊在枝干上随风飘动，并在袋内化蛹。雄性成虫有翅膀，羽化后飞离袋外。而雌性成虫没有翅膀，终身栖息在袋中，并在其中等待雄成虫飞来与之交尾，交尾后雌成虫把卵产在袋中。幼虫在袋中孵化后吐丝随风扩散，取食叶肉，致使植株叶子凋落。

第四章

动物的生存之道

生于忧患，死于安乐。那些先天不足或者是弱小的动物，在残酷的弱肉强食、充满竞争的动物世界中，不断进化，改变生活习性，扬长避短，最终使得物种得以生存和延续。物竞天择，适者生存。为了繁衍和生存，有些动物练就了超常的生存本领。

在沼泽上自由行走的鹤

　　鹤类是一种大型的涉禽，体重4~9千克，经常出没于青藏高原，平原的湖泊、农田、池塘、溪流、海湾、芦苇塘以及宽广的沼泽地带，从不飞到树上。它们常在沼泽地、海滩或芦苇塘上悠闲地来回踱步，慢条斯理地寻觅食物，有时展开双翅在地面上奔跑，并发出嘹亮的鹤鸣。夜间多栖于滩头或四面环水的浅滩上。

　　沼泽地或海滩由淤泥沉积而成，是人类和动物难以跨越的地方。人和动物在沼泽地上行走，一不当心，就可能陷进淤泥，难以自拔而惨遭灭顶之灾。那么，鹤类和其他涉禽（如鹬类、鹳类等）为什么能在沼泽地上行走自如呢？

鹤类等涉禽要在沼泽地寻觅鱼虾及软体动物、青蛙等食物，必须使身体在淤泥中不下陷。唯一的办法只有增大身体某一部分与淤泥的接触面，以增大浮力支撑整个身体的重量。这就像一个汽车的轮子陷进淤泥，人们总是在被陷的轮子下塞进一块木板或草垫之类东西一样。如果观察一下鹤类的足，就会发现它们都具有细长的腿，尤其那与身体比例很不相称的特别长的趾：后趾小，节位高于前三趾；三趾间具半蹼。这些结构都有利于增加足与淤泥的接触面，从而增大浮力支撑身体。

动物小·知识

鹤为长寿仙禽，曾经说：鹤寿无量；后世常以"鹤寿"、"鹤龄"、"鹤算"作为祝寿之词。中国人称健寿者长寿白叟，又呼"鹤发童颜"，就连惦念离世老人都冠以"驾鹤西游"美意。

在沼泽地上，人们还可以看见正在觅食的鹤类突然展开双翅，在沼泽地面上奔跑或向前飞一段距离，然后再次停立，在沼泽地里继续觅食。鹤类突然奔跑或超低空飞翔，说明它走进了比较松软的淤泥，脚趾已无法承受身体压力，预感即将要陷入淤泥。这时它借助翅膀振动所产生的向上浮力，将整个身体拔出淤泥而向前奔跑或飞离一段距离，以摆脱困境。

更有趣的是鹤类的头部构造，它们经常站立在泥沼中，用细长的颈和嘴潜入水中捕食鱼虾等，当头部埋入水中时，它鼻孔上的被膜会自动地把裂状鼻孔盖上，以阻止泥沙进入气管。

鹤类的脚趾和头部构造与行为如此巧妙配合，完美无缺地适应了沼泽地的生活环境，这是长期自然选择的结果。

天鹅不怕高空缺氧

我们知道，氧气的分布是与海拔高度有关系的。海拔高度越高，氧气就越稀薄。对于人类来说，如果平时生活在平原地区，突然到了高原地区，比如西藏高原上，会特别不适应，出现呼吸急促、头晕等情况。假如登上海拔8000多米的喜马拉雅山，情况就会更加糟糕，不经常参加锻炼，身体不健壮的人一定会因体力不支而倒下。这是因为高山空气稀薄，氧气供应不足造成的。

动物小·知识

在我国雄伟的天山脚下，有一片幽静的湖泊——天鹅湖，每年夏秋两季，这里有成千上万的天鹅在碧绿的水面漫游，就像蓝天上飘动着的朵朵白云，好看极了。

让我们感到奇怪的是，有些鸟类却能随意在高空自在地飞行，似乎从来不怕缺氧。有的鸟类，比如天鹅，它们甚至能安全地飞越喜马拉雅山。

天鹅居住在中亚地带，秋天一到，便结队穿越喜马拉雅山，到温暖的印度过冬。天鹅为什么不怕缺氧呢？原来，天鹅拥有特殊的身体结构，肺的前后面都有能储存气体的囊，一次能吸收很多空气，储在气囊里，所以有足够的氧气使用。

企鹅不怕寒冷

　　世界上有18种企鹅，都生活在南半球。无论哪种企鹅，背部的羽毛都是黑色的，腹部则是雪白色。在人们的印象中，企鹅生活在冰雪覆盖的南极，是冰雪、寒冷的象征。其实不然，从赤道到南极大路，都有企鹅的影子，而且生活在温带的企鹅种类是最多的。

　　有许多企鹅生活在南极圈内，那里终年气候寒冷，而企鹅却照样能繁衍生息。这是因为那里的企鹅身体上覆盖着层层叠叠的小羽毛，上面还有一层厚厚的油脂，起到了防水的作用。在紧贴皮肤的地方，还有更加柔软轻便的绒羽，皮肤下面覆盖着厚厚的脂肪，这些优点可以让它们经受住刺骨的严寒。

动物小·知识

　　和鸵鸟一样，企鹅是一群不会飞的鸟类。虽然现在的企鹅不能飞，但根据化石资料显示：最早的企鹅是能够飞的！65万年前，它们的翅膀才慢慢演化成能够下水游泳的鳍肢，成为目前我们所看到的企鹅。

　　企鹅的腿非常短，并不像其他动物一样和肚子相连，而是像人那样直接长在臀部。这种结构使企鹅不管是站立还是走路，都必须把身体挺得笔直。当企鹅要从高处走向低处时，就会趴在冰地上，用两条小短腿推动整个身体向前滑行。

　　企鹅是所有鸟类中最擅长游泳的，而且潜水本领也是最好的。企鹅一次可以在水下待20分钟，最多可以下潜到200米深的海里。它们凭借着流线型的身体，在水中来去自如，可谓是鸟类中"最出色的潜水员"。

北极熊防寒有高招

生活在北极的北极熊，对北极冬天寒冷的天气有着极强的适应能力。即使气温下降到零下35℃，北极熊也不会担心。并且，在寒冷的巨大冰块上，它们还能繁育自己的后代。北极熊之所以能够适应这种恶劣的环境，是因为它们全身长着独特的皮毛。

北极熊的毛非常奇特，是一些中空的小管子，这些小管子在阳光的照耀下会变成美丽的金黄色，但如果是阴天或有云天气，毛管对光线折射和反射很少，人们就可以看到白色的北极熊。北极熊的毛是收集热量的天然工具，对于北极熊十分重要。有了它，北极熊才能够抵御北极的严寒。

动物·小·知识

一般说来北极熊在每年的3~5月非常活跃，为了觅食辗转奔波于浮冰区，过着水陆两栖的生活。在严冬北极熊外出活动大大减少，几乎可以长时间不吃东西，此时它们寻找避风的地方卧地而睡。

北极熊身上披着长毛，多油脂，即使它的体重达600千克，跳进寒冷的海水里也不会沉到水底。北极熊身上的毛能够排斥水。当它从海里爬出来时，只需要将身体抖几下，体毛就会变干，这和狗在游泳后要抖掉身上的水是一个道理。

当夏季来临时，冰层逐渐退缩，北极熊易受攻击的弱点完全暴露了出来。因为北极熊适应寒冷的气候，所以全球变暖对北极熊非常不利。

大熊猫也吃肉

　　大熊猫的食物含有的营养较低，无法储存足够的能量。为了保存体能，它们不常进行消耗过大的活动。因此，大熊猫喜欢在平缓的地方行走，不喜欢爬高坡。平时，大熊猫的活动范围很小，它们利用气味、声音等传递信息，并不直接互相接触。大熊猫除了喜欢吃竹子外，也吃一些杂草，但食量很少。大熊猫并非完全吃素，偶尔也会吃"荤"。在大熊猫的栖息地里生活着一种害鼠，名叫"竹鼠"，也称"竹溜子"，它们以箭竹的地下根为食，这会导致箭竹枯死。但竹鼠的肉却鲜嫩可口，营养极其丰富，俗语曾赞说："天上的斑鸠，

地上的竹溜。"大熊猫有一套巧妙的捕食竹鼠的办法。它们能根据闻到的竹鼠的气味，尽快发现其踪迹，找到竹鼠的洞穴，然后用嘴向洞里吹气，前爪使劲拍打，竹鼠慌忙出逃，大熊猫趁此时机一跃而上，前爪按住竹鼠，撕去鼠皮，食尽鼠肉。如果竹鼠不出洞，大熊猫就会挖开它的洞穴，进行捕捉。

 动物小·知识

近几年来，科学家的野外隐藏摄像机发现，雄性野生熊猫在树上留下气息记号时，会抬起一条后腿，像公狗一样，然后把尿往树的高处撒去。尿撒得越高，雄性大熊猫的社会地位也就越高。

大熊猫虽然也吃肉，但是它们却很少捕食动物或吃动物的尸体，这并不是说它们不喜欢吃肉，而是缺少吃肉的机会。因为在大熊猫分布的地区很少有大型的食肉兽，当然，也没有多少残尸剩骸供它们食用。而大熊猫从那些鼠类等小动物身上获得的营养往往还不能够抵偿为此消耗掉的能量。

黑熊的冬眠秘诀

栖息在地球上不同纬度的黑熊，其冬眠习性是不一样的。冬眠之前的一段时间，黑熊每天要花20多个小时，尽最大的努力去寻觅营养最丰富的食物，吃得膘肥体壮，在皮下积累厚厚的脂肪，储备丰富的能量以供冬眠时消耗。冬眠时间最长的黑熊，一般会从每年10月开始，一直持续到第二年3月，时间大约为6个月。

黑熊大多喜欢在密林深处的阳坡树洞或嵩涧冬眠。洞口朝天的为"天仓"，洞口靠近地面的为"地仓"。有时，黑熊也会利用倒在地上的树根扒坑作仓。进洞冬眠之前，黑熊先用树枝、树叶等封住洞口，整个冬眠期间，黑熊不吃、不喝、不动，也不排泄体内的废物。它们在冬眠之前直肠内会形成一个结实的栓形粪便，俗称"粪栓"，冬眠醒来后再将其排出体外。

 动物·小知识

黑熊多数时候在夜间出行，白天则躲在树洞或岩洞中休息。到了秋天它们更少在白天外出。别看体型笨重，但它们都是游泳和爬树的好手。它们也能长时间依靠后腿站立，并利用前爪攻击对手或者获得食物。

一些真正的冬眠动物，在休眠时心率和呼吸会减弱，体温迅速下降，稍微低于周围环境的温度。如松鼠、土拨鼠和一些爬行动物，它们躲在洞里沉睡，没有任何知觉。但是黑熊并不是这样。它在冬眠时睡眠很浅，警惕性也非常高，并且随时都会醒来，有时黑熊还会出来晒太阳，以升高体温、抵御严寒，黑熊对外界情况的反应也很灵敏。一旦黑熊受到惊扰，它就会立刻冲出洞外进行反击，如果逃离此处，黑熊就再也不可能回到原来的洞穴。因此，人们都认为，黑熊算不上真正的冬眠动物。

　　经过冬眠之后，由于黑熊体内消耗了大量脂肪，体重逐渐减轻，需要补充许多能量，所以黑熊必须每天花大量的时间去觅食。每年7~8月是黑熊的繁殖季节。在此期间黑熊会变得异常凶猛。雌性黑熊的孕期约为7个月，冬眠后1~2月雌性黑熊就会产仔，每胎产1~2仔。幼仔出生时体重达250克，1个月后黑熊幼仔才能够睁开眼睛，但生长速度很快，3个月后，幼仔就能跟着雌性黑熊外出活动。5个月时，幼仔就可以断奶，4~5岁时，幼仔达到性成熟。

海豚惊心动魄的生育

　　全世界有30多种海豚，而且分布较为广泛，从温暖的赤道海洋到寒冷的北极地区，都能听到海面上海豚欢快的叫声。海豚和鲸归属于同一个大家族。由于海豚的大脑结构复杂，其智力远远超过其他哺乳动物。它们十分聪明伶俐，学习能力很强，并常常对落海的弱小动物和人类积极地施救。因此，海豚是一种非常惹人喜爱、心地善良的动物。

　　海豚妈妈要怀胎一年，海豚宝宝才能出生。出生时，小海豚先伸出小小的尾巴，最后探出头来，这样是为了避免被海水呛着。接着海豚妈妈会马上帮助它的小宝宝们游上水面，呼吸第一口新鲜空气。

动物·小·知识

海豚是在水面换气的海洋动物，每一次换气可在水下维持二三十分钟，当人们在海上看到海豚从水面上跃出时，这是海豚在换气。同时，海豚的栖息地多为浅海，很少游入深海。它们会在不同的地方进行不同的活动，休息或游玩时会聚集在靠近沙滩的海湾，捕食时则出现在浅水及多岩石的地方。

在海豚妈妈分娩前，海豚们先将"产妇"包围起来。因为海豚妈妈分娩时会流大量的血，引来凶狠的鲨鱼，这是十分危险的事情。当恶鲨出现时，一对雄海豚会同时出击，一个用尖嘴巴猛击鲨腹，另一个则以尖锐的牙齿咬断鲨鱼的咽喉，同心协力将鲨鱼杀死，以保障"产妇"的安全。

刚出生的小海豚的牙齿中间是空的，成年后才变成实心的。海豚的牙齿是从里往外一层层生长的，犹如树木的年轮。按照海豚牙齿的年轮计算，海豚的平均寿命为20多岁，最长的可活到40岁。

骆驼不怕风沙

  骆驼的鼻孔里生有防风沙的鼻膜，狂风来袭时它会自动关闭鼻膜；它的眼睑上长有一排厚厚的眼睫毛，能防止风沙吹进眼睛里；骆驼的耳朵里生有浓密的细毛，可帮助它挡住无孔不入的沙粒。此外，骆驼的脚掌又宽又大，脚底长着厚厚的肉垫，行走时不易陷入沙窝里去。骆驼背上高高隆起的驼峰里面储存了大量的脂肪。正因为骆驼具有特殊的身体结构，才使它无所畏惧地在沙漠里奔走，成为沙漠居民的好帮手。因此，人们把骆驼称为"沙漠之舟"。

  食物丰富时，骆驼会将多余的脂肪储存在驼峰里，条件恶劣时，就可以利用这些储备安全度过困难时期。驼峰内的脂肪不仅可用作营养来源，它氧化时又可产生水分，因此骆驼可以几天不吃不喝。骆驼能在10分钟内喝下100多升水，同时排水少，夏季一天仅排尿一升左右，而且它们不容易出汗，也不会轻易张开嘴巴，这些都有助于骆驼在无水的沙漠中行走。

大象吞岩石助消化

　　大象是一种生活在陆地上的哺乳动物，分为两种：一种是亚洲象；一种是非洲象。亚洲象分布在印度、斯里兰卡、巴基斯坦、马来西亚、泰国、越南、缅甸和中国的云南省。亚洲象只有雄象有獠牙（俗称"象牙"）。非洲象生长在非洲地区，与亚洲象不同，雌、雄都长有獠牙。

　　非洲象还有吞食岩石的习性。在东非肯尼亚的艾尔刚山区，每年到了干旱季节，人们常常可以看到成群结队的非洲象很有秩序地走进山洞，穿过一条狭长的通道，到达里面阴暗潮湿的中央大洞，然后伸出它们长长的象牙，在洞壁上凿下一块块岩石，之后用大鼻子卷起岩石，吞进自己的肚子里。

动物小·知识

大象的求爱方式比较复杂，每当繁殖期到来，雌象便开始寻找僻静之处，用鼻子挖坑，建筑新房，然后摆上礼品。雄象四处漫步，用长鼻子在雌象身上来回抚摸，接着用鼻子互相纠缠，有时把鼻尖塞到对方的嘴里。

非洲象为什么要吞食岩石呢？动物学家到实地考察及研究后发现，当地植物中硝酸钠盐的含量非常少，而大象吃过这些植物以后，还需给身体补充足够的硝酸钠盐。而在这些山洞里的岩石中，这种矿物质的含量却很高，大约是这个地方植物含盐量的100倍。非洲象吞食岩石，就是为了补充食物中所缺乏的盐分，特别是在干旱季节，大象的身体会大量排出汗和分泌唾液，体内盐分的消耗就更大了，所以，需要补充的盐分也就会更多。

还有不少动物也常常去舔食含盐分的岩石，像食草兽中的一些鹿类，也常常会在下雨天去舔食含盐分的岩石。因为动物体内一旦缺乏必要的盐分，它们的抵抗力就会下降，从而容易得病。它们吞食岩石或舔食含盐分的岩石，是为了提高自身的抵抗力，以防生病。

狼的机智勇敢

一说到狼，人们就会想起它尖尖的牙齿、会发绿光的眼睛，还有那种恐怖的嚎叫声。狼有两类：灰狼和红狼。不过，红狼因为有一身美丽的皮毛而遭到人类的捕杀，已经快要灭绝了。平时，狼喜欢单独活动，只有食物稀少的冬天，狼才聚集成群，进行合作围捕大猎物。由于它们很能跑，所以要在狼群面前保住性命，基本上是不可能的事情。

狼的外型看上去很像狗，但尾巴却不像狗那样卷曲。狗爱摇尾巴，狼却喜欢把大尾巴拖在两条后腿当中。结实的腿配上长长的脚，使狼跑起来毫不费力，它们可以连续快跑几个小时不休息。它们常在黎明或黄昏嚎叫，它们的叫声听起来很可怕，有些人以为狼这样叫是因为它们太孤独了，其实这是它们在与同伴互相联络，嚎叫是它们的语言。它们有时是整个狼群一起嚎叫，有时是一只狼在嚎叫。狼的视觉和味觉也都很灵敏，差不多是人类的100倍。

如果在森林里过夜的人，或许见到过狼眼睛里闪射出来的绿色的光芒。这样的光芒看起来很凶狠、很可怕。其实，狼的眼睛并不能自己发光，但它能把黑夜里微弱的光芒都收拢来，聚成一束再反射出去。这样，这束绿光看起来就像是从它眼睛里放射出来的一样。

狼通常20~30只组合成一群。它们有严格的等级关系，这是根据成员间的经验，估计出它们的力量的强弱，强者立起尾巴，两眼瞪视，弱者露出喉咙和腹部表示服从。狼群是由一只雄狼和一只雌狼共同占据领导地位的。捕食时，狼群齐心协力，合作围捕，很少有猎物能从它们的口中逃生。

动物小·知识

　　狼属于生物链上层的掠食者，通常群体行动。由于狼会捕食羊等家畜，因此，直到20世纪末期前都被人类大量捕杀，一些亚种如日本狼等都已经绝种。

　　凶残的狼也有可爱的一面，它们一旦选中伴侣，将终生厮守，彼此照顾极为体贴。狼对幼仔非常慈爱。雌狼会将肉咬碎哺喂幼仔，还会耐心地教小狼捕猎技巧。它们为自己安排住的地方，即舒服又安全。不仅有入口，还有紧急出口与地道。

　　狼曾经有很多种，其中大部分已灭绝。现在世界范围内有32个品种，其中最为出名的是灰狼、红狼、北极狼等。它们曾广泛地分布于北半球，但家园被拓荒的人类毁掉了。如今，狼凭着很强的适应性，将领地退缩到了高原、山区地带。

　　它们广泛分布于亚欧大陆洲和北美各种不同环境中。生长迅速，3岁时性成熟。狼"家族观念"重，幼狼被人捕获后，亲狼会舍命相救。但当亲子和其他幼狼同时遇到危险时，老狼往往先救援其他幼狼而非亲子。一面向相反的方向拼命奔跑。这种"舍己救人"的行为是为了保存种群的优势。除了人类，狼几乎没有天敌。尽管天生条件优越，但狼一般情况下是很温和的动物，它们不愿去战斗，也非常怕人。这样说来，人们是否应该对狼有一个新的认识呢？

袋鼠的育儿袋

在澳大利亚的大草原上，经常可以看到活蹦乱跳的袋鼠。光是听到它的名字，就可以想到它的特点。袋鼠的肚子前面长着一个毛茸茸的"口袋"，那是小袋鼠的"卧室"。小袋鼠刚生下来时，身体很小，它会挣扎着在妈妈身体上摸索，然后爬进妈妈温暖的"口袋"里，在里面吃奶、睡觉、成长。但并不是所有的袋鼠都长有"口袋"，袋鼠爸爸不会生孩子，所以它们就没有那个奇特的"育儿袋"。

袋鼠前脚趾有5根，用来挖土；后脚趾有3根，但却有4个趾甲，那多出来的第四个趾甲是用来抓痒的。又粗又长的尾巴，在跳跃时可以帮助它们维持身体平衡，在站立时可以撑着身体，就像第三只脚。袋鼠前面的腿又短又

小，后面的腿却非常粗壮有力，它们前进完全是靠后腿来跳跃的。它们只会跳，不会跑，但是它们跳跃的速度很快，甚至能赶上一辆行驶着的汽车。所以，袋鼠可以说是最善跳跃的动物。

它们长长的后腿由长度几乎相等的三部分组成——股骨、胫骨和足。袋鼠的下肢的组合就像一个"S"形的"弹簧"。当袋鼠跳跃的时候，足蹬地，将下肢整体拉长，强有力的肌肉牵拉骨头的组合产生跳跃运动。袋鼠非常聪明，碰到强大的对手，它们会用最快的速度逃跑。如果对手追得太紧，它们难以脱身时，袋鼠往往会一个猛然转身，绕过敌人朝反方向逃跑。这种方法常常让追它们的对手反应不过来。

别看袋鼠平时温顺而活泼，但如果遇到敌人，它也会作出有力的反击。袋鼠的"招数"是：高高跳起，用强壮有力的后腿猛踢敌人，有时还会用粗大的尾巴横扫敌人。如果还不行的话，它们会使出前肢的"拳击功夫"来帮忙，逼急了的话，袋鼠还会用嘴来咬敌人。

不过有时候，会看到袋鼠伸出前肢来拍打对方的脸和脖子的情形。这种打来打去的情形，看上去很像拳击手在比赛，其实，这只是袋鼠游戏和玩耍的行为。

袋鼠喜欢白天休息，黄昏活动。袋鼠遇到夜行的车辆，会把闪亮的车灯当做来犯的敌人，它们会从草丛中一拥而上，跳跃到公路上，与汽车拼死相撞，小汽车如不注意往往被它们撞翻。因此，在澳大利亚，许多汽车前端都安装了排障器。

在所有长"袋子"的动物当中，个头最大的要数红袋鼠。一只成年的红袋鼠站起来足有2米高，从鼻尖到伸直的尾部，总长度将近3米，体重约90千克，跳跃速度每小时可达74千米。塔玛是生活在澳大利亚干燥地区的一种小袋鼠，为了适应生存环境，它具有一种特殊的本领：饮海水解渴。

河马的润肤露

　　河马是河马科中的一个延伸物种，在淡水物种中，河马是最大的杂食性哺乳类动物，也是世界上嘴巴最大的陆生哺乳动物。原来在非洲所有深水的河流与溪流中，都生活着河马。现在河马的生活范围已逐渐缩小，它们主要居住在非洲热带的河流间。它们喜欢在河流附近沼泽地和有芦苇的地方栖息。河马觅食、交配、产仔、哺乳都在水中进行。

　　河马长相看似憨厚老实，但是其性情却暴躁而凶猛，具有很强的领地意识，如果有人胆敢闯进它们的领地，它们就会用长长的獠牙对人发起攻击，它们张开的嘴可以一下把人咬死。成年河马是现存咬合力最大的陆地哺乳动物，其咬合力可达1吨多。

动物小·知识

　　胆小的河马有时夜晚上岸来吃田里的蔬菜，当听到人们的吆喝，它会不顾一切，抱头乱窜，这样至少十天半月，它也不敢再来。

　　平时河马喜欢泡在水里。当河马在陆地上进行活动时，它光滑的皮肤上会渗出红色的"血液"，当这些"血液"越渗越多时，河马全身就会变成暗红色。其实，河马皮肤上渗出的这种红红的东西并不是血，而是其皮肤分泌出来的一种特殊液体，和人们用的润肤露作用相似，对皮肤能够起到很好的保护作用，可以防止皮肤干裂。河马的皮肤又厚又亮，但没有汗腺，它不能像人类那样通过流汗来降低体温和湿润皮肤。河马在水中时，不流汗对它并没有什么影响。可是到了陆地上，皮肤缺乏水分后就会引起干裂，这时候，河马就通过"流血"来加以弥补。

　　河马长着短短的四肢，大大的脑袋，如果河马在陆地上长时间行走，四肢就会难以支撑那巨大的身躯，它沉重的头颅又给自己带来了极大的不便。所以，河马大部分时间都潜在水里，靠水的浮力来支撑自己的身体，减轻四肢的负担。因为要经常待在水里，所以河马的鼻孔朝上长，这样便于它们呼吸。

象海豹的一夫多妻制

在南极的海洋性岛屿周围海域，分布着许多象海豹，它们在陆上繁殖，喜欢群栖。每年的8~9月繁殖季节来临时，成群结队的象海豹就会跑上岸来，占领地盘、寻找配偶，此时的海滩就成了象海豹的乐园。

象海豹的繁殖地具有世袭性。在中国南极长城站附近的西海岸沙滩就有一个，在这里，每年有300多头象海豹进行繁殖。为了占领地盘，雄性象海豹经常进行残酷的争斗：获胜的雄性象海豹占地为王，妻妾成群；失败的雄性象海豹扫兴而去，另寻出路。在海滩上，人们经常可以看到一头雄性象海豹日夜守卫着数十头甚至上百头雌性象海豹，这些雌性象海豹都是它夺来的妻妾。它时刻警惕着前来侵犯的敌人，一旦情敌相遇，它就会不顾一切，展开生死搏斗。双方怒气冲天，大声吼声，互相撕咬，直到战得遍体鳞伤。

雄性象海豹性情异常凶猛，雌性象海豹性情则很温柔。一旦雌性象海豹被雄性占有，就会显得很乖顺，温顺地待在雄性象海豹的身边。雌性象海豹如果有不轨行为，一旦被雄性象海豹发现，就会受到严厉的惩罚。因此，一头雄性象海豹周围往往躺着许多雌性象海豹。由于雌性象海豹怀孕后会拒绝再次交配，象海豹夫妻之间经常会发生殴斗。

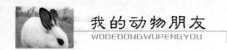
海鱼蒸馏取得淡水

人们一般会认为，只有淡水鱼才需要饮用淡水，而海鱼是不需要饮用淡水的，其实，海鱼同样需要饮用淡水。茫茫大海，含盐量极高，海水又咸又苦，海鱼去哪儿寻找淡水呢？生活在海洋中的鱼和其他脊椎动物的血液和组织液里含盐量极低，因此，海鱼可以捕食小鱼小虾以获得大量可以饮用的淡水。这种获取淡水的途径，其实就是通过"大鱼吃小鱼，小鱼吃虾米"的方式实现的。

 动物·小·知识

海鱼到了淡水中会死去，原因是海水密度高，压强大，海鱼的血压适应了海水压强，进入淡水后淡水压强小，海鱼的血压超过水压导致血管暴裂死亡。

人们不禁要问：那些小鱼和虾类又是如何得到淡水的呢？原来，在海生鱼类身上，还备有一套神奇的蒸馏系统。该系统与肾脏不同，早已退化的鱼肾小得微不足道，它对于排除鱼自身体内的盐分已无能为力。鱼的蒸馏系统在鱼鳃里。在这一蒸馏系统里，有一种特殊的细胞专门吸收血液里的盐分，并可以把盐分高度浓缩，与黏液一块儿排出体外。经过这么一番"淡化"处理，海鱼体内的含盐量就能够保持正常了。

爱子如命的乌鳢

　　我们熟知的黑鱼——乌鳢，十分凶猛，攻击力很强。但乌鳢对自己的卵与幼鱼却十分爱护，会用一切力量加以保护。

　　其实，这都是生物繁衍成长的自然现象。雄鱼在多水草的浅水处筑巢，它们像燕子一样不辞辛劳地用口衔来草茎碎屑固定在植物上，用口腔分泌的黏液进行固定，通过身体的摩擦反复加固巢穴。做好一个巢穴通常需要花费几天的时间。待巢穴筑好后，雄鱼便会寻找雌鱼并引导其来巢穴中产卵。雌鱼产卵后，雄鱼就在巢内排出精液。

动物小·知识

　　　乌鳢具有很强的跳跃能力。当天气闷热、下雨涨水时，乌鳢往往会跃出水面，沿塘堤岸游玩；在有流水冲击时也会激起鱼跃而逃跑。若其生活的池塘饵料不足时，亦会向他池转移，转移时其身体似蛇形，缓缓向前移动。

　　卵受精后，乌鳢爸爸对受精卵关爱有加，它一刻不离地守护在巢边，一有物体靠近，便迅速出击将其驱逐出境。仔鱼出生后，雄雌亲鱼一后一前，同时加以保护。

　　很多雌性动物都具有护卵行为。这种行为绝非偶然，因为这些动物必须采取这种方式保证后代的生存，乌鳢也不例外。在乌鳢的生活环境里危机四伏，卵和幼体非常柔弱，随时可能受到伤害。如果不加以保护，一定会成为

敌人的食物。这也是自然选择的结果，是自然选择深刻在动物基因中的行为，也使得这种行为最终成为一种本能。

埋葬虫的深谋远虑

丛林中，一只埋葬虫飞了一圈又一圈，好像闻到了什么气味，于是一个俯冲飞了下去，停在一只死山雀身上，这只埋葬虫又迅速地飞走了。没过多久，又飞来了几只埋葬虫，它们很快簇拥在一起，钻到山雀尸体的下面，死山雀就动了起来，埋葬工作就这样开始了。埋葬虫在死山雀的尸体下拼命挖土。十几个小时之后，死山雀的尸体才被埋葬虫搬到土质松软的地方。埋葬虫继续挖掘，山雀的尸体逐渐陷入松土里面。最后，山雀不见了，埋葬虫举行的这场葬礼也结束了。

不只是死在地上的鸟兽会被埋葬虫埋葬，即使是挂在树枝上的死鸟，也会被埋葬虫弄下来埋葬掉。

埋葬虫为什么要千方百计地埋葬动物的尸体呢？原来，这是它们繁殖后代的一种特殊方式。它们在埋下的尸体上产下了自己的卵。不久，孵化出来的幼虫就可以吃到腐烂的尸体，这也是埋葬虫之所以得名的原因。

埋葬虫以动物死亡和腐烂的尸体为食，把它们转化成为生态系统中更容易进行循环的物质，它们就像自然界里的清道夫，能够起到净化自然环境的作用。它们有的住在类似蜜蜂的蜂房里；有的则住在洞穴里，吃蝙蝠的粪便。

据有关调查，美国的埋葬虫数量正在急剧减少，目前已被列入濒危动物，有关部门正在采取积极的措施，以保证埋葬虫的数量不断增加，以免绝种。

以寄居为生的寄生蜂

寄生蜂是最常见的一类寄生性昆虫，因为它可以寄生到一些害虫的体内，所以它也是保护植物免受敌害的生力军。寄生蜂的本领很大，不论害虫躲在什么地方，它们都能找到。寄生蜂以其特有的方式为人类默默地做着贡献，是我们忠实的朋友。

寄生性昆虫与捕食性昆虫不同，一般都是成虫积极地去寻找寄主，当发现寄主后，便把卵产在体内。幼虫孵化后不会主动寻找食物，而是靠取食寄主的营养，和寄主共生一段时间，然后使寄主死亡。

寄生蜂的种类很多，分别寄生于寄主的不同发育阶段，有的寄生蜂把卵产在被寄生昆虫的卵中。像赤眼蜂，因它经常把卵产在松毛虫、玉米螟、二化螟及甘蔗螟的卵中，幼虫就以寄生卵中的营养物质为食，所以可以大量消灭农林害虫，有的寄生蜂产卵于寄生昆虫的幼虫体内。如雌马尼蜂可以把卵产在钻入树皮的天牛幼虫体内，以后它的幼虫便以天牛幼虫为食，直至吃得只剩一层皮。

有的寄生蜂把卵产在寄生昆虫的茧内。如金小蜂经常把卵产在危害棉花的棉红蛉虫做的茧中。产卵前用产卵器先刺死棉红蛉虫，然后再把卵产在棉红蛉虫的尸体上，一个茧内所产的卵有十几粒，幼虫孵出后，以棉红蛉虫为食。

有的寄生蜂产卵于成虫体内，如小茧蜂，它先用触角探探蚜虫的身体，然后弯曲腹部，射出纤状的产卵器，刺入蚜虫体内产卵。蚜虫刚开始时似乎没什么感觉，但不久便身体膨胀如球，变成黄褐色死去。

天生就有热眼的响尾蛇

响尾蛇是产于新大陆的一类毒蛇，属脊椎动物门，爬行纲，蝰蛇科响尾蛇亚科，有30种。响尾蛇在沙漠中那些被风吹过的松沙地区生活。

响尾蛇大多喜欢昼伏夜出。当夜幕降临后不久，响尾蛇便开始捕食。捕食对象为啮齿类动物，如更格卢鼠和波氏白足鼠等。白天，响尾蛇在老鼠洞里休息，或是把自己藏在灌木下，与沙面保持同一高度，这很难被人发现。响尾蛇有着漂亮的颜色和明显的记号，它是非常恐怖的蛇种，因为它们有极强的毒性。

响尾蛇独特的生理结构使它能够靠一种奇特的横向伸缩的方式穿越沙漠，这样可以抓住松沙，迅速找到栖身之处或进行捕食。当响尾蛇从沙地上穿过

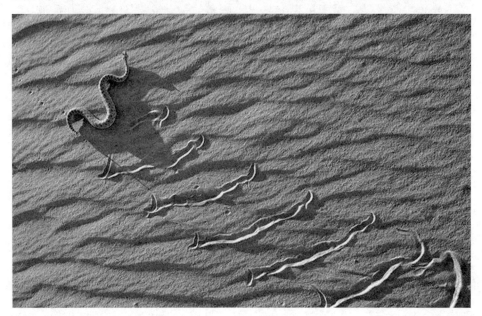

时，会留下一行行特有的踪迹。

为了长大，响尾蛇会经过多次蜕皮，每次蜕皮，响尾蛇皮上的鳞状物就会被留下来添加到响环上。当响尾蛇四处游动时，鳞状物就会掉下来或是被磨损。野生蛇的响环上很少有超过14片鳞片的，而动物园里饲养的蛇，就有可能多达29片鳞片。

响尾蛇也要经过冬眠期。每年的9月下旬，晚上气温开始下降，这时响尾蛇就开始"考虑"回巢越冬了。10月中旬，响尾蛇就陆续地回到巢穴中，随着气温逐渐变冷，响尾蛇就渐渐地开始了越冬的蛰伏生活。

那么，响尾蛇为什么会得到这么一个奇怪的名字呢？

原来，响尾蛇有一个奇异的特性，它剧烈摇动的尾巴能够发出"嘎啦嘎啦"的声音。小动物听到这种声音，就会跑出洞穴。响尾蛇就趁此机会对它们进行捕食。有时，响尾蛇的尾巴发出的这种声音还能够吓退敌人。

 动物·小·知识

响尾蛇奇毒无比，足以将被咬噬之人置于死地，但死后的响尾蛇也一样危险。美国的研究指出，响尾蛇即使在死后1小时内，仍可以弹起施袭。

响尾蛇的尾巴为什么能够沙沙地响动呢？原来，长在响尾蛇尾巴尖端的角质链围成了一个空腔，空腔又被角质膜隔成两个环状空泡，就像是两个空气振荡器。当响尾蛇不断摇动尾巴时，空泡内就形成了一股强烈的气流，一进一出地来回振荡，因此，空泡就会发出"嘎啦嘎啦"的声音。

有许多关于响尾蛇的传说。如响尾蛇在捕食时，猎物一时还没有反应过来，就见一道黑色闪电突然袭来，这"闪电"就是响尾蛇。

响尾蛇是靠什么器官来发现追踪猎物的呢？仅仅是靠眼睛吗？事实证明，绝对不是这样。虽然响尾蛇的眼睛又圆又亮，但是炯而无神，视力特差，加上夜间漆黑一团，响尾蛇是看不到任何东西的。响尾蛇可以发出一种人眼看不见的光丝——红外线，这种红外线不停地向周围辐射。响尾蛇的热感受器在接收到这些红外线之后，就可以断定小动物的位置，并一举把它们捕获。人们把蛇的这种热感受器叫做"热眼"。

那么，为什么响尾蛇的这个"热眼"能够使它"看见"周围的东西呢？经过观察发现，响尾蛇的"热眼"长在眼睛和鼻孔之间的颊窝处。颊窝一般深有5毫米，像一粒米那么长。这个颊窝呈喇叭形，喇叭口斜向朝前，被一片薄膜分成内外两部分。有一个细管与外界相通，所以颊窝里面的温度和蛇周围环境的温度是相同的。

颊窝外面的那部分却是一个热收集器，如果有热的物体存在，红外线就会经过这里照射到薄膜的外侧一面。很显然，这比薄膜内侧的温度要高，薄膜上的神经末梢就能很快感觉到温差，并能够产生生物电流，传给响尾蛇的大脑。当响尾蛇确定了前方什么位置有热的物体时，大脑就会发出相应的"命令"，去捕获这个热的物体。验证它很容易，在响尾蛇的附近，放一块烧到一定热度的铁块，响尾蛇马上就会对这个铁块发动袭击。

响尾蛇天生具有红外线感知能力，使其能"看"到发出热量的哺乳动物。而人类只有戴上特殊的护目眼镜才能探测到红外线。

响尾蛇的"热眼"尤其对波长为0.01毫米的红外线的反应最为灵敏，最为强烈。田鼠等小动物的身体能发出波长为0.01毫米左右，所以哪怕在伸手不见五指的黑夜，它们也很容易被响尾蛇发现。

此外，响尾蛇还有许多有趣的生理现象，研究人员最近发现，响尾蛇有很强的适应性，其生活习性也颇有情趣。响尾蛇善于游泳和爬树。有些雄性响尾蛇为了寻找配偶，每年要爬10多千米的路程。响尾蛇还会利用自己漏斗状的蛇管去接雨水喝。

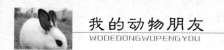

萤火虫通过灯语交流

　　萤火虫有一个长在腹部末端的发光器官，它只在黑夜发光。它的眼神经末梢控制着发光的时间，当萤火虫的眼睛受到光亮刺激时，眼神经末梢立刻向脑神经中枢发光器官周围的小神经发出命令，于是，"灯"就关闭了，萤火虫有控制小"灯"发光的特殊本领。

　　萤火虫所发出的光并非无意义的，它们可以通过"灯语"来"交流"，互相传递、沟通信息。同一种萤火虫，雄虫和雌虫之间能互相用"灯语"联络，完成求偶过程。雌性萤火虫会以很精确的时间间隔向雄虫发出"亮、灭、亮、灭"的信号，这种时间间隔虽然很短暂，对于人来讲很难分辨，但萤火虫却能毫不费劲地准确判断对方的意思。当雄虫收到雌虫的"灯语"信号后，就

会立刻发出相应的信号来回答。于是，它们就互相用这种特定的光信号进行交流，最后飞到一起，结成配偶。由此可见，萤火虫所发出的光对于它们的繁殖具有特殊的意义。

人们在夏天的田野，经常可以看到一盏盏的"小灯笼"飞来飞去，那就是萤火虫。萤火虫扁平细长，雄性萤火虫有翅，雌性萤火虫无翅。萤火虫是有趣的昆虫。它能发出闪闪的萤光，因此，受到许多小朋友的喜爱。有趣的是，荧光虽然明亮，但并不灼手。原来萤火虫在发光时不产热，它发出来的是"冷光"。

动物·小·知识

在晋朝时，有家贫学子车胤，每到夏天，为了省下点灯的油钱，捕捉许多萤火虫放在多孔的囊内，利用萤火虫光来看书，最后官拜吏部尚书。以现在的观点看，车胤少年时代必定是一名大近视。

那么，你知道为什么萤火虫能发光吗？萤火虫之所以能发光，是因为它的腹部末端有一个发光器。发光器上覆盖着一层透明的角质表皮，表皮下排列着几千个内含荧光素和荧光素酶的发光细胞。当体内氧气充足时，荧光素在荧光素酶的激发下，就同经过气管吸入的氧气起化合反应，合成氧化荧光素，释放能量并转化为荧光。萤火虫发出的荧光之所以一明一暗，正是它的开关气门控制氧气进入发光器的结果。了解了萤火虫有趣的发光原理，你会感觉到，萤火虫虽小，却也很不简单！

蜻蜓点水是为了产卵

每年秋季，人们经常会发现，水面上有成群的蜻蜓在盘旋，它们不时地在水中一浸一浸地低飞着，这就是蜻蜓在点水。

蜻蜓的生长发育包括卵、幼虫和成虫3个阶段。蜻蜓在水里孵化卵。幼虫孵出后就生活在水里。幼虫的形状和我们常见到的蜻蜓不同，虽然也长有3对足，但是却没有能够飞翔的翅膀。幼虫的下唇很长，能够屈伸，顶端有钳，是它捕捉食饵的重要工具。幼虫主要以水中的蚊子为食，有时也吃小鱼虾。幼虫需要在水中生活1~2年。长大后，幼虫就会从水草里爬出水面，蜕皮变为蜻蜓。

动物·小知识

蜻蜓是世界上眼睛最多的昆虫。蜻蜓的眼睛又大又鼓，占据头部的绝大部分，且每只眼睛又有数不清的"小眼"构成，这些"小眼"都与感光细胞和神经连着，可以辨别物体的形状大小，它们的视力极好。

到了繁殖期，蜻蜓成虫就开始进行交配。蜻蜓交配方式很奇妙。我们常看到一对对蜻蜓，一前一后地拉着飞。飞在前面的是雄蜻蜓，用尾巴拉住雌蜻蜓的头或胸部，雌蜻蜓就把腹部弯过来，伸到雄蜻蜓的腹基部完成交配。交配结束后，雌蜻蜓又恢复原状，一前一后起飞到水边去"点水"，"点水"是蜻蜓在水中产卵的动作。此外，有的蜻蜓边飞边产卵，它们就像直升飞机一样静止在空中向下产卵。还有一种蜻蜓可以把卵产在水草上。

箭毒蛙的强烈毒性

箭毒蛙颜色非常艳丽，体型小，仅有1~5厘米。全世界的箭毒蛙大约有170种，原产于中美洲和南美洲，在那里，箭毒蛙是当地土著民族用来制作毒箭的重要原料。在夏威夷，它们曾被作为抑制蚊子的生物武器而引进。

在生物学中有一条不成文的规律，颜色越鲜艳的生物所含的毒素越多。许多箭毒蛙的表皮颜色鲜亮，多半带有红色、黄色或黑色的斑纹，这些颜色在动物界常被当做一种警告：体内有剧毒。箭毒蛙的皮肤分泌出一种具有润滑保湿作用的含有剧毒的物质，这是它最有力的防身武器。箭毒蛙的毒性非常

强，十万分之一克即可毒死一个人，任何动物的舌头只要稍稍碰一下它的皮肤，就会中毒。

在箭毒蛙中，越是醒目的种类，所具有的毒性就越强烈。蓝宝石箭毒蛙和金色箭毒蛙的毒性都非常强，金色箭毒蛙的毒性甚至达到了普通箭毒蛙的20倍。有了这样强烈的毒素护身，难怪它们可以在白天里也大摇大摆地外出活动了。

动物·小·知识

> 箭毒蛙家族中兰宝石箭毒蛙具有非常高的毒性，它们绚丽的体色使潜在的掠食者远远避开。它们足部没有蹼边，不能在水中游动，因此不会出现在水生环境中。

箭毒蛙的雄性育幼行为很特殊。雌性箭毒蛙比雄性箭毒蛙的个头更大，但却不能够哺育后代。雌蛙大多喜欢在凤梨科植物附近交配，因为这种植物的叶片上会有露水或雨水形成的小"池塘"，能够为蛙卵提供发育的场所。雌雄交配后，雌蛙就会把卵产在积水处然后悄然离去，而雄蛙则耐心地照料"子女"。由于箭毒蛙是食肉的，这些小生命刚刚出生便拥有了食肉动物的本能，倘若将它们放在一处，便会上演手足相残的悲剧。所以，每个卵长成蝌蚪时，雄蛙就会将它们背到其他的小"池塘"，使每一处积水中只能有一只小蝌蚪。当然，雌蛙也并不闲着，它必须定期产出未受精的卵作为小蝌蚪的食物。大约6周后，新一批的箭毒蛙就诞生了。

虽然箭毒蛙在丛林中有足够的自保能力，然而它们还是比较脆弱的，对环境的要求很高，一旦生活环境改变，就很难适应，并很快死亡。如今，由于非法的宠物交易和热带雨林区被大肆破坏，箭毒蛙的生存现状不是很好。

第五章

动物的生活轶事

　　动物和我们人类共同生活在地球这个大家庭里，我们这个大家庭也因为有了各种动物才变得更加富有生机。可是在动物界也会经常发生一些奇怪的事，对于动物世界一些成员所表现出的怪异行为，一些聪明的人即使想破脑袋，也猜不透其中的玄机。所谓的怪异现象其实只是我们对它们的生活习性缺乏了解造成的好奇心，自然界的动物差不多都有自己奇特的方面。

信鸽的磁场感应

信鸽亦称"通信鸽"，是我们生活中普遍见到的鸽子中衍生、发展和培育出来的一个种群。它经过普通鸽子的驯化，提取其优越性能的一面加以利用和培育，人们利用信鸽是因为鸽子有天生的归巢本能，人们培育、发展、利用它来传递重要信息。

信鸽的本领高强，无论主人让它飞多远去送信，它都能够准确无误地送到，而且在信鸽回来的时候，从来不会迷路。那是因为鸽子具有识别方向的能力，可以依靠太阳和星星识别方向和地理位置。同时，鸽子两眼之间有一个突起，它像指南针一样，能测量地球磁场的变化，为鸽子指明方向。正是因为这些特殊的构造，所以鸽子才会拥有送信的本领，成为我们人类的好朋友。

动物·小·知识

鸽子反应机敏，易受惊扰。在日常生活中鸽子的警觉性较高，对周围的刺激反应十分敏感。闪光、怪音、移动的物体、异常颜色等均可引起鸽群骚动和飞扑。

鸽子是人类的好朋友，也是和平的象征。鸽子象征和平的典故来源于《圣经》：上帝降洪水灭世前，命令诺亚造方舟，让他携带全家和地上留种的各种动物一起避入。40天后洪水退落，诺亚放出一只乌鸦去打探消息，可是这只乌鸦却一去不复返。于是诺亚又放出鸽子去探测洪水，鸽子口衔一枝橄榄叶飞回，诺亚便得知地上洪水已经退去，平安无事了。

鸽子的腿上有一个小巧而灵敏的感受地震的特殊结构，每当地震即将来临的时候，鸽子总能及时发觉，不停地飞来飞去提醒人们，根据鸽子这个特殊的本领，人类已经仿制出一种新的地震仪，使地震预报更加准确。

在通讯技术和应用非常发达的今天，信鸽已经退出传递信息的历史舞台。当今社会，无论外国还是中国，信鸽已经是另一场"战争"中的主角，那就是信鸽竞翔比赛。

借窝育子的杜鹃

关于杜鹃的神奇传说很多，在文人墨客的笔下，也有许多关于杜鹃的诗文。

"望帝春心托杜鹃"的故事在民间广为流传，说的是蜀国的杜宇做了皇帝后称为"望帝"，死后化为杜鹃。杜鹃鸟的名字，大概就来源于此。

此外，历代诗人对杜鹃的描写甚多。宋代的蔡襄诗说："布谷声中雨满犁，催耕不独野人知。荷锄莫道春耘早，正是披蓑化犊时。"陆游诗中也说："时令过清明，朝朝布谷鸣，但令春促驾，那为国催耕，红紫花枝尽，青黄麦穗成。从今可无谓，倾耳舜弦声。"诗中描述的催耕的布谷鸟，就是杜鹃鸟。南宋词人朱希真的"杜鹃叫得春归去，吻边啼血苟犹存"充分说明了为催人"布谷"，杜鹃啼得口干舌苦，唇裂血出，认真负责的无私精神。

动物小知识

在春夏之际，杜鹃鸟会彻夜不停地啼鸣，它那凄凉哀怨的悲啼，常激起人们的多种情思，加上杜鹃的口腔上皮和舌头都是红色的，古人误以为它"啼"得满嘴流血，因而引出许多关于"杜鹃啼血"、"啼血深怨"的传说和诗篇。

在所有鸟类中，杜鹃是典型的巢寄生鸟类，它不喜欢筑巢，不孵卵，也不哺育雏鸟，所有这些工作全由小杜鹃的义父母去做。关于这些，有许多有趣的秘密。

杜鹃是如何把卵寄生在别的鸟巢中而又不会被别的鸟发现呢？雌杜鹃在

春夏之交产卵前，会用心寻找画眉、苇莺等小鸟的巢穴，当选定目标后，就会充分利用自己和鹞相似的特点，从远处飞来。杜鹃飞翔的姿势极像猛禽岩鹞。杜鹃飞得很低，一会儿向左，一会儿向右，急剧转弯。有时会响亮地拍打着翅膀，以吓跑正在孵卵的小鸟。小鸟看见低空翱翔而来的杜鹃的身影，会吓得弃家逃命，杜鹃就达到了占领巢穴的目的。

杜鹃又是如何把蛋产在别人的巢中的呢？有的蛋是杜鹃直接产下的，而对于太小的或是不容易钻进去的鸟巢，杜鹃就会先产下蛋，然后用喙小心地把蛋放到别的鸟蛋中去。但是在放自己的蛋之前，杜鹃会把别的鸟蛋吃掉或扔掉。

杜鹃的个头比别的小鸟大得多，可是它产的蛋却非常小。杜鹃的蛋与巢主鸟的蛋无论是形状还是色彩等方面都惊人的相似，简直可以鱼目混珠，这样别的小鸟也就难辨真假了。

杜鹃蛋虽然个头小，但是发育却很快，常会比巢主鸟的蛋早孵化或者与其同时孵化出来。

小杜鹃刚出世就忙着做搬运工：背着另一只小鸟（或者鸟蛋），用它那还没有发育健全的翅膀支撑着，然后小心翼翼地向巢边爬去。小鸟低下头，用

额头顶着巢底，忽然快速地向后仰去，把伏在"肩"上的小雏鸟（或者鸟蛋）向上一扬，小雏鸟（或者鸟蛋）就被翻出巢外。接着，这只小鸟很快滑到巢底，又开始继续它的搬运工作。小杜鹃孵化出来几个小时后，就会把巢中所有的东西都甩掉。当义母回来，看见巢中只剩下小杜鹃时，就会把这个凶手当成自己的宠儿来疼爱，会更加精心地哺育这只小杜鹃。小杜鹃羽毛长丰满后，就会不辞而别，远走高飞。

杜鹃虽然育雏习性不好，但它是著名的嗜食松树大敌松毛虫的鸟类。松毛虫是许多鸟类不喜欢吃的害虫，而杜鹃却偏喜欢其美味。有人观察过，一只杜鹃每小时能捕食100多条毛虫。另外，杜鹃也食其他农林害虫，所以人们又称它是"森林卫士"。

猫从高空掉落不会摔死

猫已经被人类驯化了3500年（但未像狗一样完全地被驯化），现在，猫成为了全世界家庭中极为广泛的宠物。猫头圆、颜面部短。前肢五指，后肢四趾，趾端具锐利而弯曲的爪，爪能伸缩。趾行性。以伏击的方式猎捕其他动物，大多能攀缘上树。

动物·小·知识

猫的视觉最灵敏。因为长在头前方的猫眼睛视野广度达到285°，而猫的脖子也可以自由转动。猫在任何时间和地点，都能采取各种攻击和防御的架势。

如果猫从高楼上摔下来，你不用为它担心，它会安然无恙地落到地面上。猫善于攀爬跳跃，它体内的各种器官的平衡功能比其他任何动物都要完善，当它从高处跳落下来时，身体就会失去平衡，它的眼睛不仅能感觉到，内耳的平衡器官也能很快感觉到。内耳的前庭神经支会立刻把这种感觉迅速传输给延脑，这一信息迅速通过延脑传达到大脑，脊髓接到通知后，脊髓神经立刻就把感觉冲动传到四肢骨骼肌。骨骼肌快速地牵动肌肉的运动，使失去平衡的身体及时调整到正常的位置。就这样，猫下落时，它的四肢就已做好了着陆的准备。猫的尾巴也可以调节身体平衡。因此，当猫从高处落下时，就不会因失去平衡而被摔死。

如果你仔细观察猫的脚底，就会发现，在猫的脚底下长有极其发达的肉

垫，这种肉垫既柔软又有弹性。猫在行走时把脚爪缩在肉垫里，不会发出太大的声音。当猫从高处跳下时，弹性的肉垫着地时就会起到防震的作用，这也是猫能从高处安然落地的一个重要的原因。

小熊猫很注意"个人卫生"

　　小熊猫与熊猫一点都不像，从外形上看，它更像小浣熊。小熊猫全身长着长而蓬松的红棕色毛，因此小熊猫也被称为"火狐"或红熊猫。小熊猫体长70~120厘米，四肢呈棕黑色，前肢又短又大。小熊猫长着圆圆的脸，黑色的鼻子，耳朵直立，脸上还有白色斑纹、唇、耳缘，这使得小熊猫分外惹人喜爱。在小熊猫毛茸茸的长尾巴上，还长有9条棕黑与棕黄色相间的环纹。

　　小熊猫白天喜欢躲在树洞里或者树枝上休息，到黄昏才会出来活动。小熊猫对温度异常敏感，17~25℃是最适合它活动的温度。小熊猫喜欢在树上单独进行活动。

动物·小·知识

　　　　小熊猫的爪骨有一部分凸起成趾状，可作为第六个脚趾辅助抓握东西，科学家最近的研究发现，这个第六趾在进化史上曾帮助小熊猫的祖先"安身立命"。

　　有时小熊猫还会结成小群体，在群体中，小熊猫经常会通过连续的短哨声或尖锐的叫声进行沟通。当小熊猫感觉到有危险时就会爬到敌害无法到达的树上或者岩石上躲避。如果小熊猫来不及逃离危险，它就会后腿站立，用前爪反攻敌人，保护自己。小熊猫异性之间来往很少，只有在交配时雄雌小熊猫才会待在一起。每年的1~3月是小熊猫的发情期和交配期。6~7月，怀孕的小熊猫开始营巢。它会选择一个树洞或者岩缝，在里面铺好树叶、草等做成巢。小熊猫特别注意"个人卫生"，它经常把自己整理得干干净净。刚出生的小熊猫幼崽虽然还没睁开眼睛，小熊猫妈妈也会对它精心照顾，把它收拾得干干净净。为了保持自己和孩子的卫生，小熊猫妈妈还会经常更换巢穴。幼崽出生90天后，就会长出成年小熊猫一样的毛色。8个月后，小熊猫就可以断奶，吃其他食物了。不过，断奶后的小熊猫在自己的弟弟妹妹出生之前，仍然会和妈妈在一起生活，但是会独自去寻找食物。

金花鼠的运筹算术

运筹学是第二次世界大战期间发展起来的新兴科学。这是利用现代数学，特别是统计数学的成就，来研究人力和物力的运用和筹划，使之发挥最大的效率。殊不知，远在人类创建运筹学之前，一些动物已经懂得科学地安排自己的活动和行为了。

生活在北美洲的金花鼠，常在地下建造自己的安乐窝。它的主洞穴在离地面25厘米的地方，这是一条与地表面平行的长洞。在"大兴土木"的时候，金花鼠总是忙得不亦乐乎：一边掘洞，一边把挖下来的松土运出洞去。要不然，用不了多长时间，洞穴就会被堵塞。金花鼠从长长的洞穴中向外搬运松土，可不是一件轻而易举的事情。因为洞穴很长，搬着松土走这么长的路，一定会消耗较多的能量。金花鼠是如何解决这一难题的呢？它在主洞穴的侧面，挖了几条斜着通向地面的侧通道，从那儿把松土运到了地面上。这么一来，既及时完成了搬运松土的任务，又大大减少了体力消耗。

然而，隔多远挖一条侧通道比较合适呢？如果侧通道之间的距离较远，那么运送松土时，耗费的能量依然不会有明显减少；要是侧通道之间隔得很近，搬运松土时省劲了，但必须多挖好几条侧通道，工作量同样不会有明显减少。毫无疑问，最佳方案只有一个：尽可能减少挖掘洞穴和侧通道时所消耗的总能量，也就是说，使能量消耗达到最小。有人做过一番计算，结果表明，最佳方案是每两条侧通道间的距离为1.22米。那么，金花鼠挖的两条侧通道之间的平均距离是多少呢？一测量，大约为1.33米，与最佳方案相差不多。由此看来，金花鼠非常精于"算计"，它选择了节省能量的最佳挖洞方案。

飞鱼的"飞行"

在人们的印象中，鸟是在空中飞的，鱼是在水里游的。但有些鱼不只能在水里游，还能跃出水面，甚至在空中作短暂的"飞行"呢！"飞鱼"就是其中的一种。其实严格来说，它们并不是在飞，而是在滑翔。

飞鱼为什么要跃出水面"飞"呢？并不是它们深居大海，羡慕天空的飞行生活，而是为了逃避敌害的追逐。飞鱼在大海中常常是那些凶猛的金枪鱼、箭鱼等鱼类的猎获对象。为了逃避它们的追逐，飞鱼就会跃出水面在空中"飞行"。飞鱼在"飞行"前，先高速度游泳。飞鱼的胸鳍特别长，约为体长的 2/3，宽度为体长的 1/3。这时，它的胸鳍和腹鳍都紧贴在身体的两边，好像一只潜水艇。一出水面，就张开胸鳍在空气中滑翔。"飞"到空中后，飞鱼的胸鳍是完全不动的，这和鸟类飞行的方法完全不同，所以不可能"飞"得很远。飞鱼利用它的尾鳍可以改变"飞行"的距离或方向。有些飞鱼还具有发达的腹鳍，这些腹鳍能控制"飞行"的高度。飞鱼"飞行"的距离，如果是顺风的时候，有些可达 360 多米，高达 2 米以上，"飞行"的速度平均每小时是 6 千米。

海洋中的歌唱家座头鲸

　　座头鲸有着完美的歌喉。20世纪著名嬉皮士歌手朱迪科林斯曾经与座头鲸一块歌唱，使"自然音乐"风靡一时。他的唱片《雨水之声》融合了热带各种动物的叫声，曾经排在排行榜的前位，这令无数歌迷为之疯狂，有许多人被座头鲸那高亢的歌声所吸引。人们不禁要问：座头鲸真的会像人类那样歌唱吗？

　　经过研究，美国科学家发现：座头鲸是出色的海洋歌手。科学家通过电子计算机对座头鲸发出的声音进行仔细地分析，结果发现，座头鲸的歌声不仅交替反复，而且很有规律，抑扬顿挫，美妙动听，并且充满了不完整的尖啸、

呜咽、低吟，简直是一首奇妙的乐曲，好像管弦乐中的单独乐节。这种曲调的变化，在其他动物中是非常少见的。座头鲸每年有6个月都在唱歌，它的嗓门很大，音量能够达到150分贝。有些座头鲸的声音甚至可以传出5000多米远。

动物小·知识

座头鲸是具有社会性的一种动物，性情十分温顺可亲，成体之间也常以相互触摸来表达感情，但在与敌害格斗时，则用特长的鳍状肢，或者强有力的尾巴猛击对方，甚至用头部去顶撞，结果常造成皮肉破裂，鲜血直流。

看来，座头鲸会唱歌已经证据确凿，至于它们为什么要唱歌，这一直是科学家们致力探索的问题。有人认为，座头鲸的歌声与鼾声、呻吟声一样，都用来表示性别并保持群落中的联系。一个群落中的成员即使散布在几十平方千米的海域，相互之间仍能凭借歌声了解每一个成员所在的位置。也有人认为，座头鲸只有在繁殖季节才唱歌，说明它们像鸟类一样，通过歌声来向异性"求爱"，同时，歌声也是一种警号：保持距离，不得靠近。还有人认为，座头鲸用歌声来传递信息，互相通知哪儿有猎物。以上说法，到底哪一种更准确，仍有待于科学家求证。

爱吃桑叶的蚕

1800万年前，桑树就已经出现在地球上了。桑树原来在湿热地带生长，是常绿植物，到了温带后，逐渐变成落叶植物。桑树非常高大，叶片长得又大又茂盛，上面寄生着许多昆虫。这些昆虫不仅吃树根、树枝、树芽，还有的吃叶片。蚕以桑树的叶片为食。蚕生来一定吃桑叶吗？也不一定，目前为止，已经知道的蚕的食物有很多，除桑叶外，还有柘叶、榆叶、无花果叶、蒿柳叶、蒲公类叶、莴苣叶、生菜叶、雅葱叶、婆罗门参叶等植物，不少于20种。但是蚕最喜欢吃桑叶，由于蚕世代繁殖在桑树上，逐渐地形成了吃桑叶的习性。

动物小·知识

白胖胖的蚕宝宝着实惹人喜爱，不仅仅因为它洁白干净，更重要的是它能将桑叶转化为洁白的蚕丝。养蚕人喜欢多养雄蚕，是因为雄蚕比雌蚕产丝量多，而消耗的桑叶又比雌蚕少。

一位化学家曾经对桑叶中的气味进行了分析。他把桑叶进行了132~157℃的高温干馏后，得到了一种挥发性的油状物，能够发出薄荷气味，这种油状物滴在纸上，30厘米外的蚕也能嗅到它的气味。蚕嗅到这种气味以后，很快就会爬过来。可见，这种气味是蚕最熟悉的信号气息。

蚕是凭借自己的嗅觉和味觉辨认桑叶气味的，如果它的这些嗅觉和味觉器官被破坏，它就无法再辨别桑叶的气味，于是，蚕就不再挑剔，随便吃些其他植物的叶子。

在近年人工饲养蚕的过程中，人们发现了蚕成长过程中所必需的营养物质及最低需要量。证明蚕只有在吃了桑叶后，才能健康地生长、发育，顺利地延续后代。

从不迷路的蚂蚁

　　蚂蚁有自己的"家"，它们过的是群体生活。蚂蚁的"家"大多在地下，那里很难找到丰富的食物。所以即使天气晴暖的时候，蚂蚁也会爬出"大门"，在地面上寻找可以吃的东西。有的蚂蚁会独自出来，有的则会成群结队。如果蚂蚁觅食顺利的话，在蚁穴附近就能找到吃的，如果不顺利，蚂蚁就要走很远的路。如生活在热带地区的蚂蚁，往往需要爬到离巢十几米远的地方去觅食。如果再返回去，那将会是一件极不容易的事；如果途中蚂蚁迷失道路，那就更危险了。但是不用为蚂蚁担心，如果中途不发生意外，蚂蚁一般都能安全返回洞穴。

　　难道蚂蚁真的识途吗？回答是肯定的。蚂蚁确实有认路的本领。蚂蚁虽然个头很小，但是它们的视觉却非常灵敏，不但陆地上的景致，就是天空中的景致，都能被蚂蚁用来认路。有人曾经做过这样的试验：当一队蚂蚁正在回巢时，用一个筒状的围屏围住它们，使它们只能看见天空，结果蚂蚁队伍没有迷路，它们仍然按照准确的路线进行。后来，试验者又用一块水平横板挡在回巢蚂蚁的上面，而且放得极低，这时，蚂蚁就开始胡乱地爬行了。由此可见，太阳所在的位置和蓝天上反射下来的日光，对于蚂蚁辨认回巢方向是非常重要的。

动物小·知识

在沙漠中生活着一种蚂蚁，建的窝远看就如一座城堡，有4.5米之高。那些窝废弃之后，就会被一些动物拿来当自己的窝了，它们的4.5米就相当于人类的4500米。

那么，年轻蚂蚁和年长蚂蚁的认路本领是一样的吗？研究者又进行了试验，他们在年轻蚂蚁回巢的路上，用一个不透光的小盒，把它扣留几个钟点。之后在释放时，发现它认错路了，它的爬行方向与太阳的关系还和几小时前一样，爬错的角度，恰巧相当于在这几个小时内太阳位置改变的角度。年长的蚂蚁却不同，它对于太阳位置的不停改变，已经有些"经验"，在释放时不会犯这种错误。

除了依靠眼睛认路外，蚂蚁还能根据气味认路。有试验证明，有的蚂蚁会在爬过的地面上留下一种气味，蚂蚁在归途中只要寻着这种气味，就不会误入歧途。如果在蚂蚁爬过的道路上用手指连续横划几条线，蚂蚁留下的气味就会被破坏，蚂蚁在归途中就会发生短时间的迷乱。也有的蚂蚁不会在爬过的路面上留下特殊的气味，但是这些蚂蚁对于往返道路上的天然气味是非常熟悉的，因此也不会迷路。

蚂蚁具有上述认路的本领，即使浓云密布，蓝天被遮挡的时候，或者地面上的气味被大动物踩踏破坏的时候，只要还保留一些可以利用的线索，它们仍旧会找到蚁巢，只不过多走些弯路而已。

精明老练的蝼蛄

　　昆虫世界多姿多彩，不过蝼蛄很可怜，它一生都过着地下生活。人们也把蝼蛄称为"喇喇蛄"或者"土狗子"，它是一种潜伏在地下的农业害虫。

　　蝼蛄的前足像泥水工人使用的抹子一样，非常扁平，足的前端长着利爪，能在地下挖土掘隧道。蝼蛄挖好隧道后，就开始疯狂地进行活动。它们在土里钻来钻去，咬食作物根部，使作物枯死。蝼蛄不仅喜欢往土里钻，还会飞翔，在蝼蛄搬家的时候，它会开始一生中两次的飞翔。在炎热的夏季，蝼蛄喜欢在潮湿润泽的地方"安营扎寨"；10月，蝼蛄就开始飞翔，离家去寻找干燥的地方越冬；越冬以后，它就会飞往潮湿的地方重建自己的"家园"，产卵以后，蝼蛄的生命也就完结了。

动物·小·知识

蝼蛄一般在夜间活动，但气温适宜时，白天也可活动。蝼蛄能倒退疾走，在穴内尤其如此。成虫和若虫均善游泳。

每到5~6月，蝼蛄就开始大吃大喝，为交尾繁殖做准备。雌蝼蛄还会把隧道里面的一部分通路开凿成一个类似酒瓶肚子那样形状的空间，作为自己的"产房"。"产房"整修竣工以后，蝼蛄再搬进去一些腐烂的杂草，均匀地铺在四周，出口也用烂草堵住。等这一切准备工作就绪，蝼蛄就到了"预产期"，准备"临产"了。它产下四五十粒卵后，就用泥土把隧道里的通路堵死，以保护卵和幼虫的安全。

雌蝼蛄产卵后，还要大兴土木，建造房屋。它会在距离"产房"2厘米远的地方，挖出像"护城河"一样的圈儿沟；然后再把挖出来的泥土铺盖在"产房"的顶上，做成一个直径5厘米的小土堆，除了使"产房"保暖、防热外，还可以避免外来的危险。

10天后，蝼蛄的卵就孵化成了幼虫。经过3天，这些幼虫就开始活动了。这时，雌蝼蛄"产房"周围的烂草，就成了小蝼蛄充饥的粮食了，一般可以供四五十只小蝼蛄食用。等到小蝼蛄把"产房"里的"存粮"吃完，它们就会破洞而出，挖掘隧道，开始新的地下生活。夏秋之交的夜晚，蝼蛄就会"唱"起忧郁沉闷的"低音歌曲"。我国南方的广东地区，曾经流行有"四月节，蝼蛄鸣"的谚语。